国家中职示范校数控专业课程系列教材

零件钳加工

LINGJIAN QIANJIAGONG

王丽丽　主编

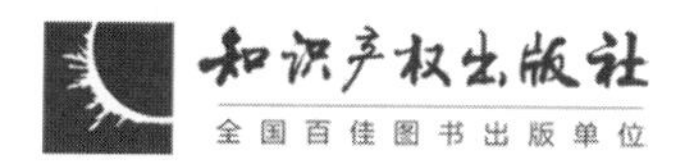

图书在版编目（CIP）数据

零件钳加工 / 王丽丽主编. — 北京 ：知识产权出版社, 2015.11
国家中职示范校数控专业课程系列教材 / 杨常红主编
ISBN 978-7-5130-3787-7

Ⅰ. ①零… Ⅱ. ①王… Ⅲ. ①钳工 – 中等专业学校 – 教材 Ⅳ. ①TG9

中国版本图书馆 CIP 数据核字(2015)第 220979 号

内容提要

本教材以一体化教学“六步法”为指引，逐渐深入教学环节。学生随教材一起进入一体化课堂，进入一个模拟实践工厂。老师在学习任务设计时，明确学习任务的情景描述、学习目标及学习内容。情景描述根据国家技能人才培养标准中代表性工作任务，结合学校教学条件，描述完成学习任务该做什么、有谁做、什么时间和地点做、教学价值和工作标准等。学习目标按照“六步法”过程完成工作任务，即获得信息、制订计划、做出决策、实施计划、检查控制和评价反馈。

责任编辑：刘晓庆　　　　**责任出版**：刘译文

零件钳加工
LINGJIAN QIANJIAGONG
王丽丽　主编

出版发行：知识产权出版社有限责任公司　　网　址：http://www.ipph.cn
　　http://www.laichushu.com
电　话：010-82004826
社　址：北京市海淀区西外太平庄 55 号　　邮　编：100081
责编电话：010-82000860 转 8539　　责编邮箱：396961849@qq.com
发行电话：010-82000860 转 8101/8029　　发行传真：010-82000893/82003279
印　刷：三河市国英印务有限公司　　经　销：各大网上书店、新华书店及相关专业书店
开　本：787mm × 1092mm　1/16　　印　张：7
版　次：2015 年 11 月第 1 版　　印　次：2015 年 11 月第 1 次印刷
字　数：164 千字　　定　价：19.00 元

ISBN 978-7-5130-3787-7

牡丹江市高级技工学校
教材建设委员会

总主编 原　敏　杨常红

委　员 王丽君　卢　楠　李　勇　沈桂军

刘　新　杨征东　张文超　王培明

孟昭发　于功亭　王昌智　王顺胜

张　旭　李广合

本书编委会

主　编 王丽丽

副主编 张志健　苗力　李芳勇

编　委

学校人员 张志健　林庆新　石红戈　高　林　王丽丽

王　敏　逄海峰　宋银涛　李芳勇　苗　力

贲　腾　曹季平

企业人员 王顺胜　杜克忠　张军凯

前　言

2013年4月，牡丹江市高级技工学校被确定为“国家中等职业教育改革发展示范校”创建单位。为扎实推进示范校项目建设，切实深化教学模式改革，实现教学内容的创新，使学校的职业教育更好地适应本地经济特色，学校广泛开展行业和企业调研，反复论证本地相关企业的技能岗位的典型任务与技能需求，在专业建设指导委员会的指导与配合下，科学设置课程体系，积极组织广大专业教师与合作企业的技术骨干共同研发和编写具有我市特色的校本教材。

在示范校项目建设期间，我校的校本教材研发工作取得了丰硕成果。2014年8月，《汽车营销》教材在中国劳动社会保障出版社出版发行。2014年12月，学校对校本教材严格审核，评选出《零件的数控车床加工》《模拟电子技术》《中式烹调工艺》等20种能体现本校特色的校本教材。这套系列教材以学校和区域经济作为本位和阵地，在对学生学习需求和区域经济发展进行分析的基础上，由学校与合作企业联合开发和编制。教材本着“行动导向、任务引领、学做结合、理实一体”的原则进行编写，以提高学生的职业能力为核心，有针对性地传授专业知识和训练操作技能，符合新课程理念，对学生全面成长和区域经济发展都产生了积极的作用。

每种教材的学习内容分别划分为若干个单元项目，再分为若干个学习任务，每个学习任务包括：任务描述及相关知识、操作步骤和方法、思考与训练等，适合各类学生学用结合、学以致用的学习模式和特点，适合各类中职学校学生使用。

《零件钳加工》包括：认识新的学习内容和工作环境、制作平行直角块、制作角度样板、制作錾口榔头、制作平行压板五个学习任务。本书在北京数码大方科技有限公司王昌智、北方双佳石油钻采器具有限公司王顺胜的策划与指导下，由本校机械工程系骨干教师与北方双佳石油钻采器具有限公司技术部杜克忠、永泰和机床设备有限公司张军凯等企业技术人员合作完成。

限于时间与水平，书中不足之处在所难免，恳请广大教师和学生批评指正，希望读者和专家给予帮助指导！

牡丹江市高级技工学校校本教材编委会

2015年9月

目　录

学习任务一　认识新的学习和工作环境

学习目标

1. 感知钳工工作现场和工作过程，能说出钳工工作场地和常用设备。
2. 能主动与工作人员进行有效沟通，通过咨询说出钳工常用设备、工具的名称及其功能。
3. 能认知钳工工作特点和主要工作任务。
4. 能识别工作环境中的安全标志。
5. 能严格遵守安全规章制度，规范穿戴工装和使用劳动保护用品。
6. 能主动获取有效信息，展示工作成果，对学习与工作进行总结与反思。
7. 能与他人合作，并进行有效沟通。

建议学时

12 学时

学习任务描述

某模具设计制造企业因发展需要，新招聘了 40 名钳加工岗位新员工。为了尽快让这批新员工了解本企业钳加工工作场地的环境要素、设备管理要求和安全操作规程，养成正确穿戴工装和使用劳动保护用品的良好习惯，学会按照现场管理制度清理场地、归置物品，按环保要求处理废弃物，需要利用 2 天的工作时间完成规定的上述入职基础培训，为下一步训练钳加工技能奠定基础。

工作流程与活动

学习活动 1　参观钳工车间和观看钳工工作录像，进行专业认知　（4 学时）
学习活动 2　参观机加工车间和钳工作品　（4 学时）
学习活动 3　安全知识考核、海报展示与点评　（4 学时）

学习活动 1　参观钳工车间和观看钳工工作录像，进行专业认知

学习目标

1. 感知钳工的工作现场和工作过程，能说出钳工工作场地和常用设备。
2. 能主动与工作人员进行有效沟通，能说出钳工常用设备、工具的名称和功能。
3. 能够说出钳工的主要工作内容。
4. 能够识别工作环境中的安全标志。

建议学时

4 学时

学习过程

钳加工是手持工具对金属表面进行切削加工的一种方法，在模具制造等生产领域发挥着重要作用。作为一名新入职的员工，你想了解即将从事的钳工工作的内容吗？请各位新员工观看钳工车间以及有关钳工工作内容的录像资料，并回答以下问题。

1. 你在钳工车间和钳工工作录像中都看到了哪些设备？这些设备有什么用途？

2. 你在钳工车间或录像中看到的钳工工作场地对采光、照明、通风、钳工工案间距等有什么要求？

3. 钳工的工作内容包括划线、錾削、锉削、钻孔、扩孔、锪孔、攻螺纹与套螺纹、刮削、研磨、装配与拆卸等。请通过观看录像、咨询钳工师傅或上网查询，指出下面各图分别反映的是钳加工的哪部分工作内容？

______________　　______________　　______________

____

____

____

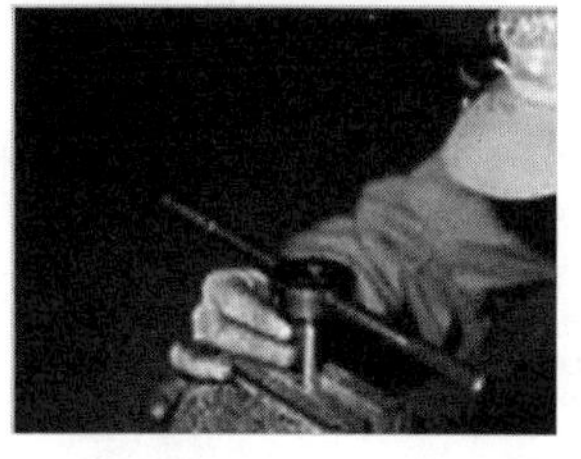

____

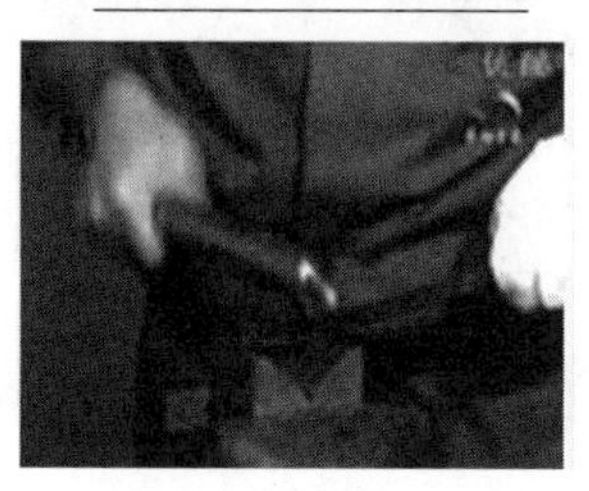

____

____

4. 参观钳工车间或观看钳工工作录像时，你认真关注过下列常用钳工工具吗？请查阅资料或向钳工师傅咨询，说出下列工具的名称及其主要用途。

名称：________

用途：________

名称：________

用途：________

名称：________

用途：________

名称：________

用途：________

名称：________________
用途：________________

名称：________________
用途：________________

名称：________________
用途：________________

名称：________________
用途：________________

名称：________________
用途：________________

名称：________________
用途：________________

5. 量具是指可以对物体的某些性质（如尺寸、形状、位置等）进行测量的计量工具。你在钳工车间或钳工工作录像中都看到了哪些量具？你知道这些钳工量具的作用是什么吗？请咨询老师或上网查询，说出下列各图所示量具的名称和用途。

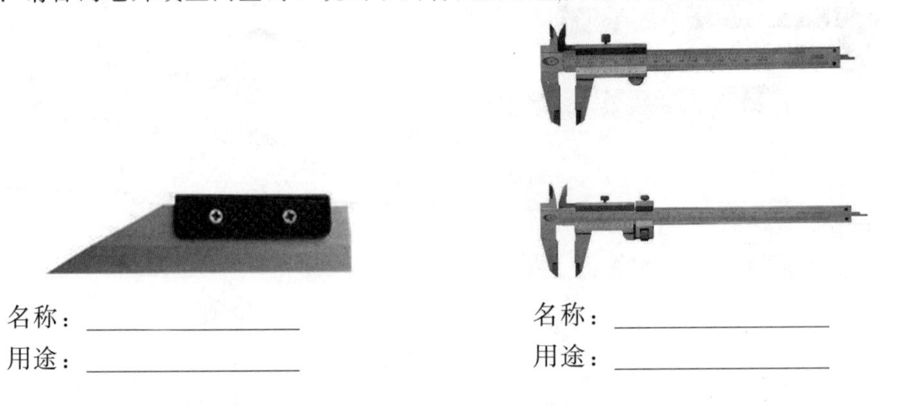

名称：________________
用途：________________

名称：________________
用途：________________

名称：________________　　名称：________________

用途：________________　　用途：________________

名称：________________　　名称：________________

用途：________________　　用途：________________

6. 文明生产和安全生产是搞好工厂经营管理的重要内容之一，它直接涉及国家、工厂和个人的利益，影响工厂的产品质量和经济效益，影响设备的利用率和使用寿命，还影响工人的人身安全。因此，在生产车间等工作场所设置醒目的安全标志，提醒员工正确着装并做好安全防护工作是非常必要的。请在下列安全标志中挑选出你在钳工车间或钳工工作录像中看到的标志，并说明其具体含义。

(1)

(2)

(3)

(4)

(5)

(6)

(7)

(8)

(9)

(10)

7. 除上述安全标志外，你还见过哪些安全标语和标志？请将你看到的或者查询到的安全标志画在下面。

评价与分析

活动过程评价表

班 级		姓 名		学 号		日 期	年 月 日
序号	评价要点				配分	得分	总 评
1	熟知本岗位安全操作规程				10		A □（86～100 分） B □（76～85 分） C □（60～75 分） D □（60 分以下）
2	严格规范仪表				15		
3	积极查阅资料，开展咨询				10		
4	了解机械制图、公差配合、金属材料等相关常识				15		
5	跟随老师检索知识				15		
6	说出 7S 管理内容				15		
7	与同学共同交流学习				10		
8	严格遵守作息时间				5		
9	及时完成本活动内容				5		
小结与建议							

学习活动 2　参观机加工车间和钳工作品

学习目标

1. 通过现场观摩、观看视频等方式，了解生产环境和生产流程，认识钳工在机械制造业中的地位。
2. 掌握钳工工作特点和主要工作任务。

建议学时

4 学时

学习过程

1. 参观机加工车间或观看视频，了解企业的生产环境和生产流程，回答下列问题。

（1）在机加工车间或视频中，你看到了哪些钳加工车间没有的设备？请从下列图片中挑选出来，并写出这些设备的名称。

设备名称：________________

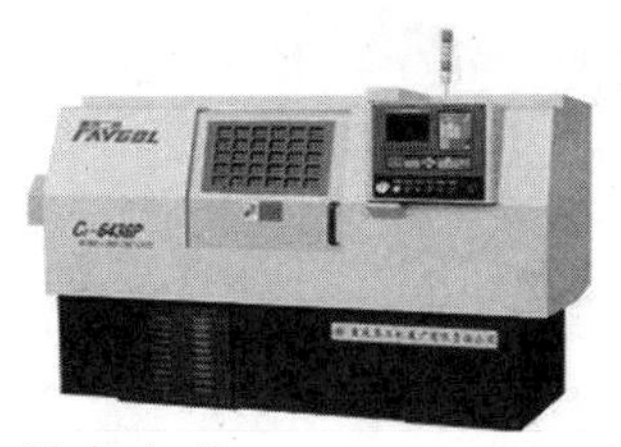

设备名称：________________

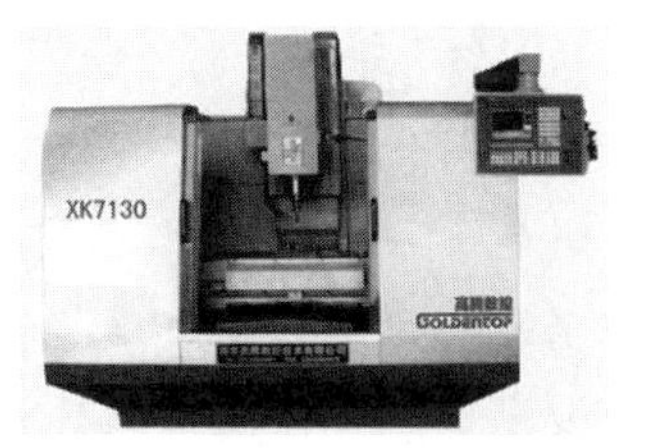

设备名称：________________

设备名称：________________

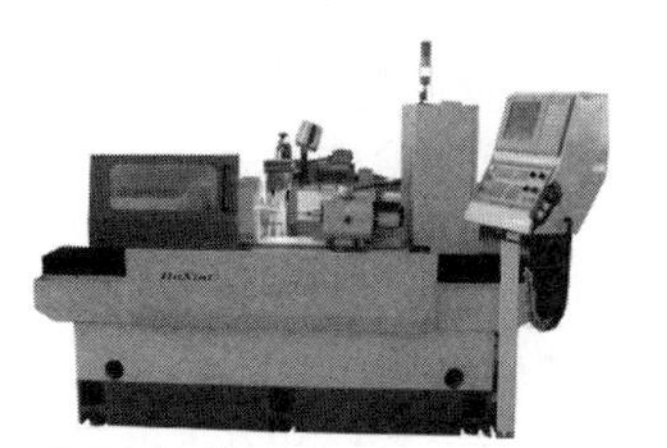

设备名称：________________

设备名称：________________

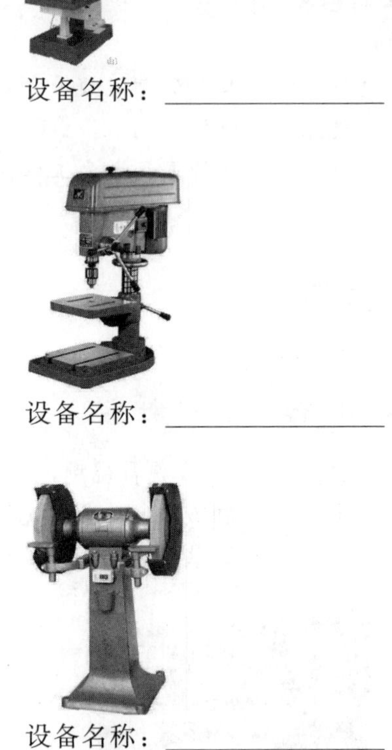

设备名称：________　　设备名称：________

设备名称：________　　设备名称：________

设备名称：________　　设备名称：________

（2）钳加工车间和其他机械加工车间有区别吗？如果有，主要体现在哪些方面？

（3）通过参观车间或观看视频可以发现，钳工工作劳动强度大、生产效率低，而且随着机械工业的发展和数控技术的不断提高，一些繁重复杂的工作甚至被数控机床或加工中心所替代，但是钳工在机械制造、维修和装配工作中仍是不可或缺的一个重要工种，其原因是什么呢？

（4）在机械制造业中，钳工的主要工作任务是什么？

2. 参观历届学生作品，回答下列问题。

（1）在所有展示的钳工作品中，你最喜欢的作品是什么？请描述该作品的形状特征。（提示：从作品的几何要素、表面精度等方面予以描述。）

（2）你所喜欢的钳工作品能通过钳工以外的方法制作完成吗？为什么？

（3）请用自己的语言描述一下钳工的工作特点。

学习活动3　安全知识考核、海报展示与点评

学习目标

1. 通过现场观摩、观看视频等方式，了解企业生产环境和生产流程，认识钳工在机械制造业中的地位。
2. 掌握钳工工作特点和主要工作任务。

建议学时

4 学时

学习过程

学生应认真学习钳工车间安全规章制度，自己设计案例或展示图片，并根据所学知识对所展示的案例进行点评。指出哪些地方违反了安全规章制度？应怎样进行改进？

1. 钳工车间安全规章制度

（1）操作前要穿紧身防护服，袖口扣紧，上衣下摆不能敞开。严禁戴手套，不得在开动的机床旁穿、脱衣服，或围布于身上，以防止机器绞伤。必须戴好安全帽，女工的辫子应放入帽内。操作时不得穿裙子和拖鞋。

（2）在使用锉刀、刮刀、手锤、台钳等工具前，应仔细检查其是否牢固可靠，有无损裂，不合格的工具不准使用。

（3）凿、铲工件及清理毛刺时，严禁对着他人工作，还要戴好防护眼镜，以防止铁屑飞出伤人。使用手锤时禁止戴手套。不准用扳手、锉刀等工具代替手锤敲打物件，不准用嘴吹或用手摸铁屑，以防伤害眼睛和手。刮削的工件不得有凸起和凹下的毛刺。

（4）用台虎钳夹持工件时，钳口不允许张得过大（不准超过最大形程的 2/3）。夹持精密工件时应用铜垫，以防工件坠落或损伤工件。

（5）钻削小工件时，必须用夹具固定，不准用手拿着工件钻孔。使用钻床加工工件时，禁止戴手套操作。使用砂轮机时，要按砂轮机的安全操作规程进行操作。

（6）用汽油和挥发性易燃品清洗工件时，周围应严禁烟火及摆放易燃物品，油桶、油盘和回丝要集中堆放处理。

（7）使用扳手紧固螺钉时，应检查扳手和螺钉有无裂纹或损坏；在紧固时，不能用力过猛或用手锤敲打扳手。大扳手需用套管加力时，应该特别注意安全。

（8）使用手提砂轮机前，必须仔细检查砂轮片是否有裂纹，防护罩是否完好，电线

是否磨损，是否漏电，运转是否良好。手提砂轮和用后应放置安全可靠处，防止砂轮片接触地面和其他物品。

(9) 使用非安全电压的手电钻、手提砂轮机时，应带好绝缘手套，并站在绝缘橡皮垫上；在钻孔或磨削时应保持用力均匀，严禁用手触摸转动的钻头和砂轮片。

(10) 使用手锯要防止锯条突然折断而造成割伤事故。使用千斤顶要放平提稳，不顶托易滑地方，以防发生意外事故。多人配合操作要有统一指挥及必要的安全措施，保证大家协调行动。

(11) 使用剪刀车剪铁片时，手要离开刀口，剪下的边角料要集中堆放、及时处理，防止刺戳伤人；待电工件需焊补时，应切断电源施工。

(12) 维修机床设备时，应切断电源，取下熔丝并挂好检修标志，以防他人乱动、盲目接电。维修时局部照明用行灯，应使用低压（36V 以下）照明灯。

(13) 不得将手伸入变速箱、主轴箱内检查齿轮，检查油压设备时禁止敲打。

(14) 高空作业（3m 以上）时，必须戴好安全带，梯子要有防滑措施。

(15) 使用腐蚀剂时要戴上口罩并带好耐腐蚀手套，防止腐蚀剂倒翻。操作时要小心谨慎，防止腐蚀剂外溅。

(16) 设备检修完毕，应清点所带工具是否齐全，在确认设备里没有遗留工具时，方可启动机床试车。

案例 1：

点评：

案例 2：

点评：

案例 3：

点评：

案例 4：

点评：

2. 为进一步树立严格遵守安全规章制度的意识，请同学们自愿结组，以小组为单位选择一个安全操作主题，在小组长的带领下，通过集体讨论，以分工合作的方式运用集体的智慧制作一张钳工车间安全教育海报，并以组为单位进行展示和完成如下任务。

(1) 安全教育海报制作完成后，组员应分别设计展示解说词，经组内评价后，推荐代表对所展示的作品做必要的介绍。请在下面列出你所撰写的解说词（200 字左右）。

（2）在展示过程中，以组为单位进行评价。评价完成后，归纳总结其他组成员对本组展示成果的评价意见。

（3）教师对所有展示的作品进行评价，并指出整个任务完成中出现的亮点与不足。

（4）如果需要再次制作宣传海报，你会做哪些方面的改进？

3. 三级安全教育是指新入职员工的厂级安全教育、车间安全教育和岗位（工段、班组）安全教育，是新入职员工接受的第一次正规的安全教育，目的是使员工树立正确的安全观，积极投入到安全生产中去。按照三级安全教育的要求，新入职员工必须进行安全教育考试，考试合格后方可上岗操作。

（1）你参加安全教育考试的成绩是：________________

（2）你对自己取得的成绩满意吗？请总结一下你参加安全教育培训的心得体会（300 字左右）。

评价与分析

活动过程评价表

班 级	姓 名	学 号	日 期	年 月 日		
评价指标	评价要素	权重	等级评定			
			A	B	C	D
信息检索	能有效利用网络资源、工作手册查找有效信息	5%				
	能用自己的语言有条理地去解释和表述所学知识	5%				
	能将查找到的信息有效地运用到工作中	5%				
感知工作	是否熟悉工作岗位、认同工作价值	5%				
	在工作中是否获得了满足感	5%				
参与状态	与教师、同学互相尊重、理解，平等相待	5%				
	与教师、同学共同交流学习	5%				
	探究学习、自主学习不流于形式，处理好合作学习和独立思考的关系，做到有效学习	5%				
	能提出有意义的问题或发表个人见解；能按要求正确操作；能倾听、协作和分享	5%				
	积极参与，在产品加工过程中不断学习，提高综合运用信息技术的能力	5%				
学习方法	工作计划、操作技能是否符合规范要求	10%				
	是否获得了进一步发展的能力					
工作过程	遵守管理规程，操作过程符合 7S 现场管理要求	15%				
	平时上课的出勤情况和每天完成工作任务的情况					
	善于从多角度思考问题，能主动发现、提出有价值的问题					
思维过程	是否能发现、分析和解决问题，并创新地提出意见	5%				
自评反馈	按时、保证质量地完成工作任务	5%				
	较好地掌握了专业知识点	5%				
	具有较强的信息分析能力和理解能力	5%				
	具有全面严谨的思维能力，并能条理清晰地表述成文	5%				
自评等级						
有益的经验和做法						
总结、反思与建议						

等级评定：A：好；B：较好；C：一般；D：有待提高。以下均采用此评定等级。

活动过程评价互评表

班级		姓名		学号		日期	年 月 日		
评价指标	评价要素				权重	等级评定			
						A	B	C	D
信息检索	能有效利用网络资源、工作手册查找有效信息				5%				
	能用自己的语言有条理地去解释、表述所学知识				5%				
	能将查找到的信息有效地运用到工作中				5%				
感知工作	是否熟悉工作岗位、认同工作价值				5%				
	在工作中是否获得了满足感				5%				
参与状态	与教师、同学互相尊重、理解，平等相待				5%				
	与教师、同学共同交流学习				5%				
	探究学习、自主学习不流于形式，处理好合作学习和独立思考的关系，做到有效学习				5%				
	能提出有意义的问题或发表个人见解；能按要求正确操作；能倾听、协作和分享				5%				
	积极参与，在产品加工过程中不断学习，提高综合运用信息技术的能力				5%				
学习方法	工作计划、操作技能是否符合规范要求				15%				
	是否获得了进一步发展的能力								
工作过程	遵守管理规程，操作过程符合7S现场管理要求				20%				
	平时上课的出勤情况和每天完成工作任务的情况								
	善于多角度思考问题，能主动发现、提出有价值的问题								
思维过程	是否能发现、分析和解决问题，并创新性地提出建议				5%				
自评反馈	能严肃认真地对待互评				10%				
互评等级									
简要评述									

活动过程教师评价表

<table>
<tr><td>班级</td><td></td><td>姓名</td><td></td><td>学号</td><td></td><td>权重</td><td>评价</td></tr>
<tr><td rowspan="4">知识策略</td><td rowspan="2">知识吸收</td><td colspan="4">能设法记住学习内容</td><td>3%</td><td></td></tr>
<tr><td colspan="4">能使用多样性手段，通过网络、技术手册等收集到有效信息</td><td>3%</td><td></td></tr>
<tr><td>知识结构</td><td colspan="4">自觉寻求不同工作之间的内在联系</td><td>3%</td><td></td></tr>
<tr><td>知识应用</td><td colspan="4">将学习到的内容应用到解决实际问题中</td><td>3%</td><td></td></tr>
<tr><td rowspan="3">工作策略</td><td>兴趣取向</td><td colspan="4">对课程本身感兴趣，熟悉自己的工作岗位，认同工作价值</td><td>3%</td><td></td></tr>
<tr><td>成就取向</td><td colspan="4">学习的目的是获取高水平的成绩</td><td>3%</td><td></td></tr>
<tr><td>批判性思考</td><td colspan="4">谈到或听到某一个推论或结论时，会考虑到其他可能的答案</td><td>3%</td><td></td></tr>
<tr><td rowspan="11">管理策略</td><td>自我管理</td><td colspan="4">若不能很好地理解学习内容，会设法找到与该内容相关的资讯</td><td>3%</td><td></td></tr>
<tr><td rowspan="5">过程管理</td><td colspan="4">正确回答工作中及教师提出的问题</td><td>3%</td><td></td></tr>
<tr><td colspan="4">能根据提供的材料、工作页和教师指导进行有效学习</td><td>3%</td><td></td></tr>
<tr><td colspan="4">针对工作任务，能反复查找资料、反复研究，编制工作计划</td><td>3%</td><td></td></tr>
<tr><td colspan="4">在工作过程中，留有研讨记录</td><td>3%</td><td></td></tr>
<tr><td colspan="4">在团队合作中，主动承担并完成任务</td><td>3%</td><td></td></tr>
<tr><td>时间管理</td><td colspan="4">能有效组织学习时间</td><td>3%</td><td></td></tr>
<tr><td rowspan="4">结果管理</td><td colspan="4">在学习过程中有满足、成功和喜悦感，对未来的学习更有信心</td><td>3%</td><td></td></tr>
<tr><td colspan="4">根据研讨内容，对知识、步骤、方法进行合理的修改和应用</td><td>3%</td><td></td></tr>
<tr><td colspan="4">课后能积极有效地进行学习、反思，总结学习经验</td><td>3%</td><td></td></tr>
<tr><td colspan="4">规范撰写工作小结，能进行经验交流与工作反馈</td><td>3%</td><td></td></tr>
<tr><td rowspan="13">过程状态</td><td rowspan="2">交往状态</td><td colspan="4">与教师、同学交流时语言得体、彬彬有礼</td><td>3%</td><td></td></tr>
<tr><td colspan="4">与教师、同学保持丰富、适宜的信息交流与合作</td><td>3%</td><td></td></tr>
<tr><td rowspan="2">思维状态</td><td colspan="4">能用自己的语言有条理地去解释、表述所学知识</td><td>3%</td><td></td></tr>
<tr><td colspan="4">善于多角度去思考问题，能主动提出有价值的问题</td><td>3%</td><td></td></tr>
<tr><td>情绪状态</td><td colspan="4">能自我调控好学习情绪，能随着教学进程或解决问题的全过程而产生不同的情绪变化</td><td>3%</td><td></td></tr>
<tr><td>生成状态</td><td colspan="4">能总结当堂学习所得，或提出深层次的问题</td><td>3%</td><td></td></tr>
<tr><td rowspan="5">组内合作过程</td><td colspan="4">分工及任务目标明确，并能积极组织或参与小组工作</td><td>3%</td><td></td></tr>
<tr><td colspan="4">积极参与小组讨论，并能充分地表达自己的思想或意见</td><td>3%</td><td></td></tr>
<tr><td colspan="4">能采取多种形式，展示本小组的工作成果，并进行交流反馈</td><td>3%</td><td></td></tr>
<tr><td colspan="4">对其他组提出的疑问能做出积极有效的解释</td><td>3%</td><td></td></tr>
<tr><td colspan="4">认真听取其他组的汇报发言，并能大胆质疑或提出不同意见或更深层次的问题</td><td>3%</td><td></td></tr>
<tr><td>工作总结</td><td colspan="4">规范撰写工作总结</td><td>3%</td><td></td></tr>
<tr><td>自评</td><td>综合评价</td><td colspan="4">按照《活动过程评价表》，严肃认真地对待自评</td><td>5%</td><td></td></tr>
<tr><td>互评</td><td>综合评价</td><td colspan="4">按照《活动过程评价至评表》，严肃认真地对待互评</td><td>5%</td><td></td></tr>
<tr><td colspan="8">总评等级</td></tr>
<tr><td>建议</td><td colspan="7"></td></tr>
</table>

评定人：（签名）　　　　　　　　年　　月　　日

学习任务二　制作平行直角块

学习目标

1. 能表述钳加工的工作特点。
2. 能严格遵守钳工场地安全规章制度，能按要求规范仪表。
3. 能看懂图样，了解图纸上的相关内容，并根据毛坯分析所去除的余量。
4. 能查阅相关资料，解释常用材料牌号的含义。
5. 能读懂加工工艺步骤，并用专业术语进行交流。
6. 能正确选用并合理使用划线工具和辅具。
7. 能刃磨錾削工具，并正确使用錾削工具錾削平面，掌握錾削要领。
8. 能合理选用、安装锯条，掌握锯削要领。
9. 能利用平板锉刀进行锉削加工，掌握锉削要领。
10. 能正确使用游标卡尺、刀口尺、宽座角尺等量具对加工零件进行检测，并做好量具的日常保养工作。
11. 能按 7S 现场管理规范，清理场地、归置物品、处理废弃物。
12. 能写出工作总结并进行作品展示。

建议学时

60 学时

学习任务描述

某企业接到制作一批平行直角块的订单，数量 30 件，工期 10 天，客户提供原材料，零件图如下图所示，学校把任务交给我们班级，希望在规定时间内完成平行直角块的加工。

零件图

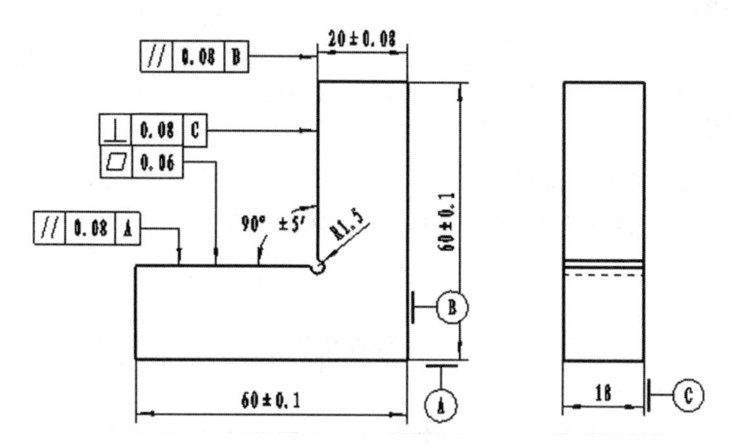

技术要求：

1. 外直角桂削完成。
2. 内直角桂削后，刮削完成。

工作流程与活动

学习活动 1　分析图纸，明确工作内容　（6 学时）
学习活动 2　接受任务，制定工作计划　（6 学时）
学习活动 3　工艺分析，确定加工方法和步骤　（10 学时）
学习活动 4　錾削平行直角块两垂直基准面　（8 学时）
学习活动 5　锉削平行直角块两垂直基准面　（8 学时）
学习活动 6　平行直角块划线　（4 学时）
学习活动 7　锯去平行直角块多余材料　（10 学时）
学习活动 8　平行直角块自我检验与验收（4 学时）
学习活动 9　工作总结、成果展示、经验交流与评价　（4 学时）

学习活动 1　分析图纸，明确工作内容

学习目标

1. 熟知本岗位安全操作规程，规范仪表。
2. 能熟知图纸上相关的机械常识。
3. 能识读并描述图纸上的尺寸标注及公差符号。
4. 熟知 7S 现场管理内容。

建议学时

6 学时

学习过程

1. 今天，我们将正式走进钳工车间进行工作，看看钳工车间有哪些安全常识标识和标语？你能熟记安全管理规定吗？你的仪表是否做到了规范？

2. 你领到了加工图纸，认真识读平行直角块零件图，看看哪些问题是你最困惑的？我们一起逐一解决。

（1）写出平行直角块的基本形状和基本尺寸。

序　号	基　本　形　状	基　本　尺　寸
1		
2		
3		
4		

（2）下表中列出了图纸上使用的不同类型的线条，查阅资料，写出它们的一般应用。

图线名称	图线型式	图线宽度	一般应用举例
粗实线		粗（d）	
细实线		细（$d/2$）	
细虚线		细（$d/2$）	
细点画线		细（$d/2$）	
细双点画线		细（$d/2$）	
波浪线		细（$d/2$）	

（3）将人的视线规定为平行投影线，然后正对着物体看过去，将所见物体的轮廓用正投影法绘制出该图形来，称为视图。一个物体有六个视图，通过查阅资料，回答如下问题：

①从物体的前面向后面投射所得的视图称______，它能反映物体的前面形状；从物体的上面向下面投射所得的视图称______，它能反映物体的上面形状；从物体的左面向右面投射所得的视图称______，它能反映物体的左面形状；还有其他三个视图不是很常用。三视图就是主视图、俯视图和左视图的总称。

②三视图的投影规则是：

______________长对正

________________高平齐

________________宽相等

（4）对照平行直角块图纸，试抄画平行直角块的视图，并补画第三视图。

3．了解尺寸注法，描述平行直角块图纸上的尺寸标注，并结合平行直角块图样，注意填写尺寸标注时的相关问题。

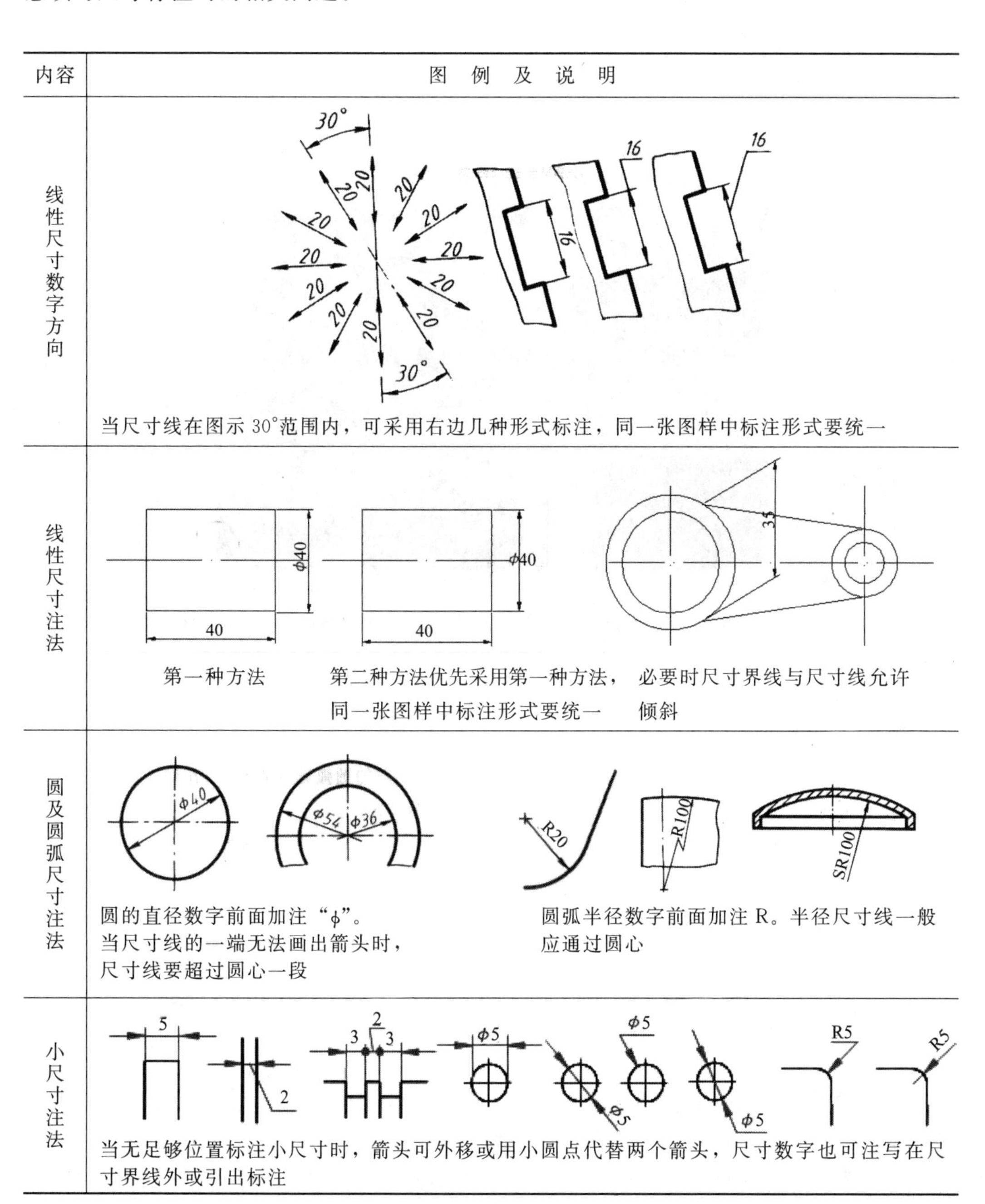

内容	图例及说明
线性尺寸数字方向	当尺寸线在图示30°范围内，可采用右边几种形式标注，同一张图样中标注形式要统一
线性尺寸注法	第一种方法　第二种方法优先采用第一种方法，同一张图样中标注形式要统一　必要时尺寸界线与尺寸线允许倾斜
圆及圆弧尺寸注法	圆的直径数字前面加注“ϕ”。当尺寸线的一端无法画出箭头时，尺寸线要超过圆心一段　圆弧半径数字前面加注R。半径尺寸线一般应通过圆心
小尺寸注法	当无足够位置标注小尺寸时，箭头可外移或用小圆点代替两个箭头，尺寸数字也可注写在尺寸界线外或引出标注

（1）平行直角块上有哪些标注？

（2）尺寸标注时，该注意哪些问题？

4. 平行直角块材料的牌号是Q235钢，查阅相关资料，阐述该牌号钢的含义及应用范围。

5. 熟悉几何公差各项目的名称和符号，说说平行直角块图样中相关标注所标示的含义。

分类	项目	符号	分类		项目	符号
形状公差	直线度	—	位置公差	定向	平行度	//
	平面度	⏥			垂直度	⊥
	圆度	○			倾斜度	∠
	圆柱度	⌭		定位	同轴度	◎
	线轮廓度	⌒			对称度	⌯
	面轮廓度	⌓			位置度	⊕
				跳动	圆跳动	↗
					全跳动	⌰

6. 在几何公差的标注中，与被测要素相关的基准用一个大写字母表示。字母标注在基准方格内，与一个空白的或涂黑的三角形相连以表示基准，如图所示。解释平行直角块图样中基准的含义。

| ⏥ | 0.06 | 含义：

| // | 0.08 | A | 含义：

| ⊥ | 0.08 | C | 含义：

7. 7S起源于日本，是指在生产现场对人员、机器、材料、方法、信息等生产要素进行有效管理。这是日本企业独特的管理办法。因为整理（seiri）、整顿（seiton）、清扫（seiso）、清洁（seiketsu）、素养（shitsuke）都是日语外来词，在英文单词拼写中，所

有词汇的第一个字母都为S，所以日本人称之为5S。近年来，随着人们对这一活动认识的不断深入，有人又添加了“安全（safety）、速度（speed）、节约（save）”等内容，由最初的5S发展为6S、7S。通过查阅资料，填写下表相关内容。

序　号	名　称	含　义	目　的
1	整理		
2	整顿		
3	清扫		
4	清洁		
5	素养		
6	安全		
7	节约		

8. 你对即将加工工件的图纸熟悉吗？自己总结一下，有哪些收获？还应如何加强。

评价与分析

活动过程评价表

班 级		姓　名		学　号		日 期	年　月　日
序号	评价要点				配分	得分	总　评
1	熟知本岗位安全操作规程				10		A □（86～100分） B □（76～85分） C □（60～75分） D □（60分以下）
2	严格规范仪表				15		
3	积极查阅资料，开展咨询				10		
4	能了解机械制图、公差配合、金属材料等相关常识				15		
5	能跟随老师学知识				15		
6	能说出7S管理内容				15		
7	与同学共同交流学习				10		
8	能严格遵守作息时间				5		
9	及时完成本活动内容				5		
小结建议							

学习活动 2　接受任务，制定工作计划

学习目标

1. 熟知岗位安全操作规程，严格规范仪表。
2. 能按照规定领取工作任务，阅读生产任务书，明确任务要求。
3. 能独立领取并熟悉工卡量具。
4. 制定工作计划。
5. 熟悉 7S 现场管理内容，并执行 7S 现场管理规范。

建议学时

6 学时

学习过程

1. 默念钳工岗位安全操作规程，看看自己工装穿戴得规范吗？

2. 领取生产任务单，阅读生产任务书，通过咨询，联系本次生产实际情况，完成下列生产任务单的填写。

生产任务单

任务单部门：

合同编号			签订日期：
合同签订人			交货日期：
单位名称			
产品名称			
规格型号			
表面处理			
技术资料说明			
合同金额			
合同部	生产部	技术部	生产部发货后字订确认
领导签字			

3. 通过咨询，看看制作平行直角块需要哪些工具、量具和夹具？这些工卡量具平时应如何保养？

4. 熟悉台虎钳，在实物上标出固定钳口、活动钳口丝杠、夹紧手柄、夹紧盘、转盘座。

5. 熟悉台钻，指出主轴变速箱、进给箱、主轴、工作台、立柱及底座的位置。

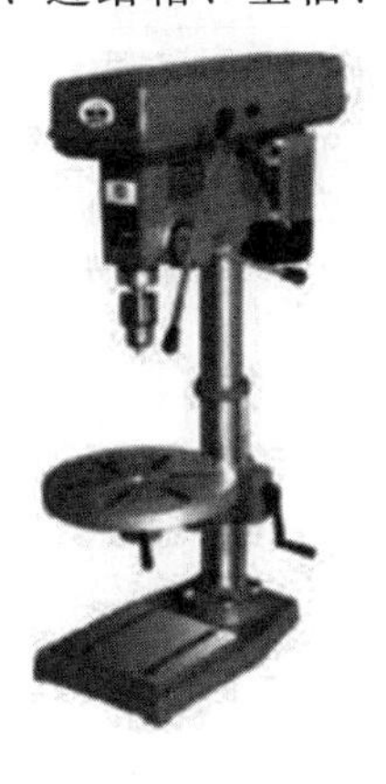

6. 工作计划是一个单位或团体在一定时期内的工作打算。写工作计划要求简明扼要、具体明确，用词造句必须准确，不能含糊。通过咨询，看看工作计划的格式应包括哪些内容？就我们目前的工作，撰写一份制作平行直角块的工作计划，要求条理清晰，步骤明确，使用专业术语，语言简明扼要。

7. 按照7S规范管理工作现场，查看是否还存在哪些疏漏？如果有问题，请自我更正过来。

评价与分析

活动过程评价表

<table>
<tr><td>班级</td><td></td><td>姓名</td><td></td><td>学号</td><td></td><td>日期</td><td>年　月　日</td></tr>
<tr><td>序号</td><td colspan="5">评价要点</td><td>配分</td><td>得分</td><td>总评</td></tr>
<tr><td>1</td><td colspan="5">熟知本岗位安全操作规程</td><td>10</td><td></td><td rowspan="9">A □（86～100分）
B □（76～85分）
C □（60～75分）
D □（60分以下）</td></tr>
<tr><td>2</td><td colspan="5">严格规范仪表</td><td>15</td><td></td></tr>
<tr><td>3</td><td colspan="5">积极查阅资料，开展咨询</td><td>10</td><td></td></tr>
<tr><td>4</td><td colspan="5">能准确填写生产任务书及撰写工作计划</td><td>15</td><td></td></tr>
<tr><td>5</td><td colspan="5">能熟练领取工卡量具</td><td>15</td><td></td></tr>
<tr><td>6</td><td colspan="5">能说出7S管理内容</td><td>15</td><td></td></tr>
<tr><td>7</td><td colspan="5">与同学共同交流学习</td><td>10</td><td></td></tr>
<tr><td>8</td><td colspan="5">能严格遵守作息时间</td><td>5</td><td></td></tr>
<tr><td>9</td><td colspan="5">及时完成本活动内容</td><td>5</td><td></td></tr>
<tr><td>小结与建议</td><td colspan="8"></td></tr>
</table>

学习活动 3　工艺分析，确定加工方法和步骤

学习目标

1. 熟知本岗位安全操作规程，严格规范仪表。
2. 能确定加工方法和步骤。
3. 能进行工艺分析，填写工艺卡。
4. 严格执行 7S 现场管理规范。

建议学时

10 学时

学习过程

1. 你知道多少安全常识？自查仪表是否符合规范要求？

2. 看图纸，研讨一下在加工平行直角块时我们应采用哪些手工操作方法？其步骤是什么？

序　号	步　　骤	操　作　方　法

3. 小组讨论平行直角块加工工艺步骤，确定加工工艺，完成加工工艺卡的填写。

制作平行直角块工艺卡

(单位名称)		加工工艺卡	产品名称	平行直角块	图号		
			零件名称		数量	1	第 页
材料种类	Q235 钢	材料成分		毛坯尺寸	62mm×62mm×20mm		共 页

工序	工步	工序名称	工序内容	车间	设备	工具			
						量刃具	辅具	计划公式	
1									
2									
3									
4									
5									
6									
更改号				拟定		校正	审核	批准	
更改者									
日期									

4. 观看视频资料，了解一下常见钳工手工操作的基本常识，看看哪些是自己没有掌握的？

5. 看看你工作的现场，按照 7S 现场管理的要求，哪些地方需要改善或加强？

评价与分析

活动过程评价表

班级		姓　名		学　号		日期	年　月　日
序号	评价要点				配分	得分	总　评
1	熟知本岗位安全操作规程				10		A □（86～100 分） B □（76～85 分） C □（60～75 分） D □（60 分以下）
2	严格规范仪表				15		
3	积极查阅资料，开展咨询				10		
4	能准确填写生产任务书及撰写工作计划				15		
5	能熟练领取工卡量具				15		
6	能说出 7S 管理内容				15		
7	与同学共同交流学习				10		
8	能严格遵守作息时间				5		
9	及时完成本活动内容				5		
小结与建议							

学习活动 4　錾削平行直角块两垂直基准面

学习目标

1. 熟知本岗位安全操作规程，严格规范仪表。
2. 能掌握錾削的基本站立姿势及握錾和挥锤的方法，能正确装夹工件。
3. 能刃磨錾子并进行热处理。
4. 能完成两垂直面的錾削。
5. 严格执行 7S 现场管理规范。

建议学时

8 学时

学习过程

1. 自查仪表是否规范？通过咨询，看看錾削时需要掌握哪些安全常识？把了解到的写在下面。

2. 通过查阅资料并结合下图，说说目前錾削还应用于哪些场合？錾子是钳工常用的切削工具，查阅相关资料，说说下图中錾子被应用的场合。

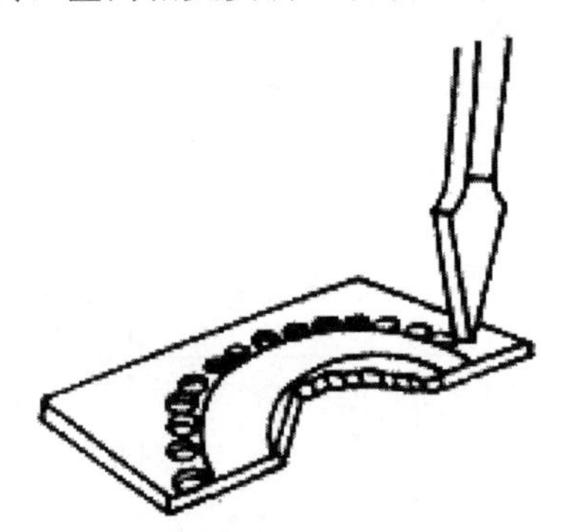

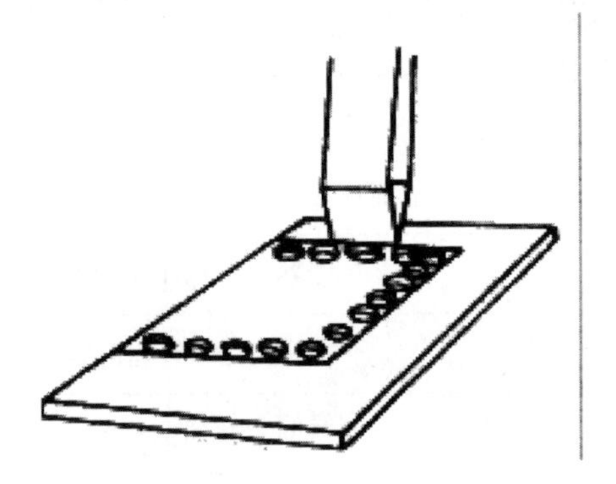

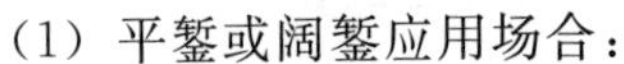

（1）平錾或阔錾应用场合：

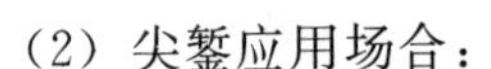

（2）尖錾应用场合：

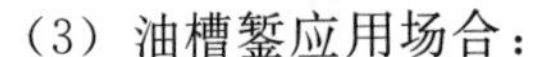

（3）油槽錾应用场合：

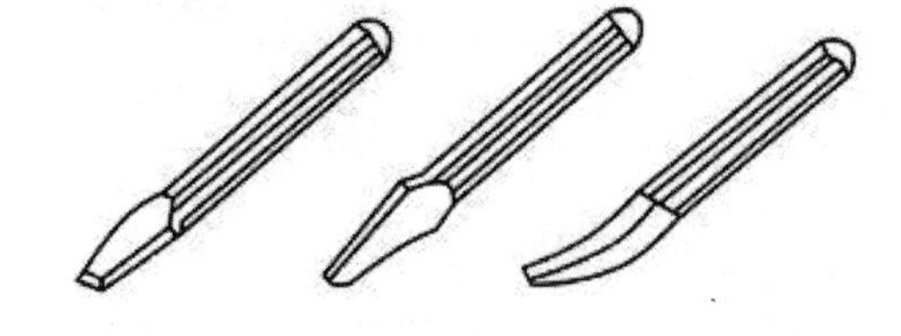

常用錾子

(1) 平錾；(2) 尖錾；(3) 油槽錾

3. 通过观看錾削视频或下图钳工錾削时站立姿势的平面图，归纳一下钳工錾削时正确的站立姿势。

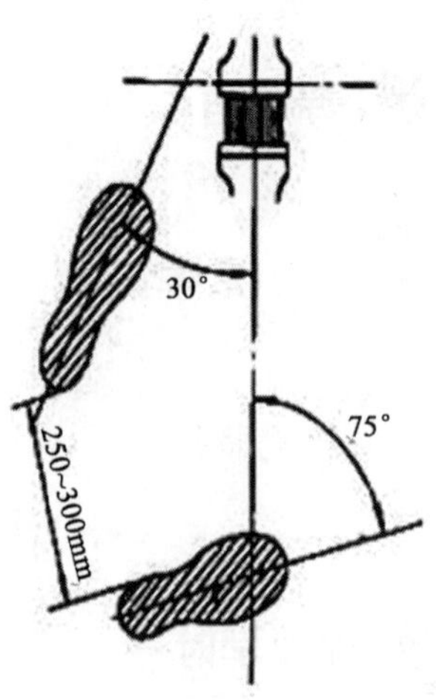

4. 錾削时手锤的握法和挥锤方法如下图所示，分别说出（1）、（2）、（3）图分别属于哪种挥锤方法？

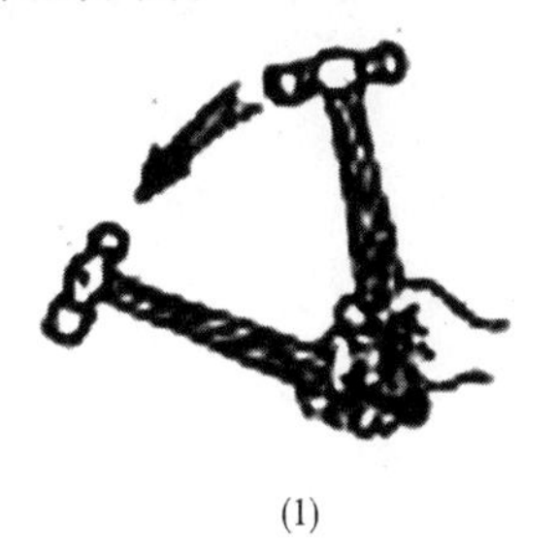
(1)

(2)

(3)

5. 錾子的切削角度对錾削的影响较大，观看下图并查阅相关资料，说出錾子的切削平面、角度名称及各角度对錾削的影响。

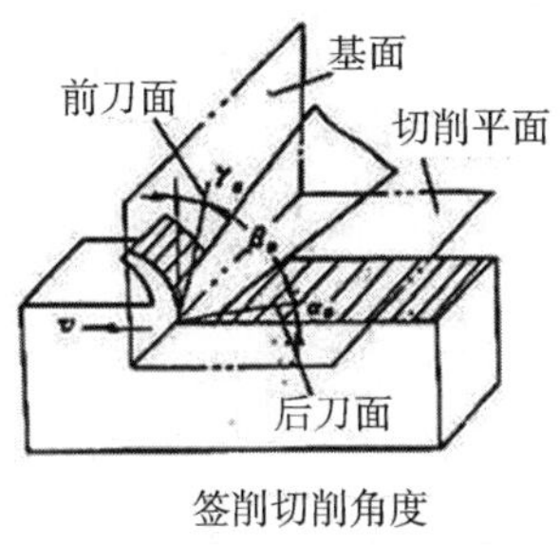

签削切削角度

6. 通过查询资料，写出錾子刃磨和热处理的技术要点。

(1) 錾子的刃磨

(2) 錾子的热处理

7. 錾削加工一般分为起錾、錾削和錾出三个过程，分析錾削加工中出现的情况及其产生的原因。

8. 通过錾削实践，总结錾削时容易出现的问题，以及预防的措施。

评价与分析

活动过程评价表

<table>
<tr><td>班级</td><td></td><td>姓　名</td><td></td><td>学　号</td><td></td><td>日期</td><td>年　月　日</td></tr>
<tr><td>序号</td><td colspan="4">评价要点</td><td>配分</td><td>得分</td><td>总　评</td></tr>
<tr><td>1</td><td colspan="4">熟知本岗位安全操作规程</td><td>10</td><td></td><td rowspan="9">A □（86～100 分）
B □（76～85 分）
C □（60～75 分）
D □（60 分以下）</td></tr>
<tr><td>2</td><td colspan="4">严格规范仪表</td><td>15</td><td></td></tr>
<tr><td>3</td><td colspan="4">积极查阅资料，开展咨询</td><td>10</td><td></td></tr>
<tr><td>4</td><td colspan="4">能准确掌握錾削时的站立姿势、手锤和錾子的握法及錾削要领</td><td>15</td><td></td></tr>
<tr><td>5</td><td colspan="4">能掌握錾子的刃磨和热处理方法</td><td>15</td><td></td></tr>
<tr><td>6</td><td colspan="4">能按 7S 管理规范清理工作现场</td><td>15</td><td></td></tr>
<tr><td>7</td><td colspan="4">与同学共同交流学习</td><td>10</td><td></td></tr>
<tr><td>8</td><td colspan="4">能严格遵守作息时间</td><td>5</td><td></td></tr>
<tr><td>9</td><td colspan="4">及时完成本活动内容</td><td>5</td><td></td></tr>
<tr><td>小结与建议</td><td colspan="7"></td></tr>
</table>

学习活动 5　锉削平行直角块两垂直基准面

学习目标

1. 熟知本岗位安全操作规程，严格规范仪表。
2. 能根据加工材料、加工条件选用锉刀。
3. 能掌握锉削的基本站立姿势、锉刀装卸方法、工件装夹及锉削要领。
4. 能正确使用测量工具进行测量，做好量具的日常保养。
5. 能完成两垂直基准面的锉削。
6. 严格执行 7S 现场管理规范。

建议学时

8 学时

学习过程

1. 自查仪表是否规范？通过咨询，看看锉削时需要掌握哪些安全常识，把了解到的信息写在下面。

2. 锉削一般是在錾削、锯削之后对工件进行的精度较高的加工。查阅相关资料，并说出锉削所能达到的精度要求。

3. 看下图，对照实物，熟悉锉刀各部分的名称。

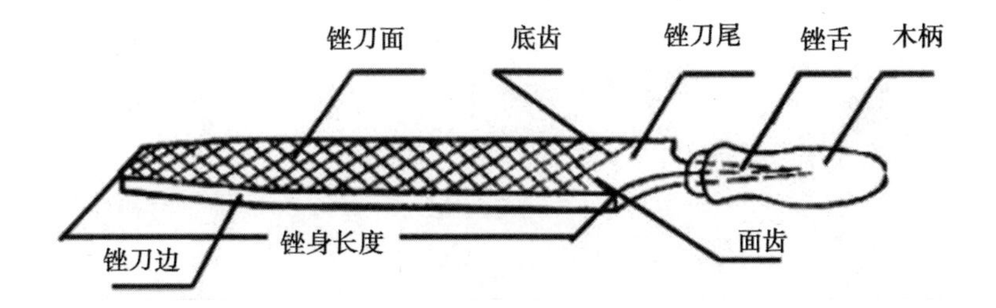

4. 锉刀的种类很多，标出下列各类锉刀的名称，并写出它们适用的场合。

5. 写出下图所示锉刀的握法及其在操作中的运用方法。

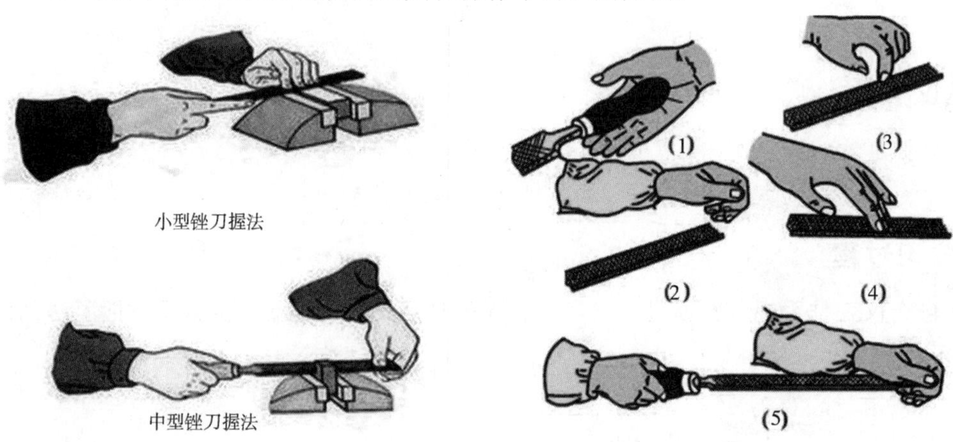

6. 观看工人师傅装卸锉柄的方法，并用自己的语言表述出来。

7. 平面锉削的使用方法如图（1）、（2）、（3）所示，说说它们在操作中应如何应用？

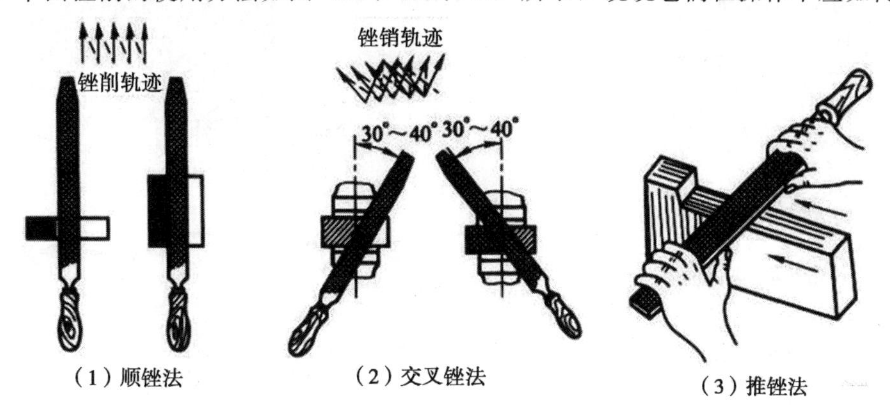

（1）顺锉法　（2）交叉锉法　（3）推锉法

8. 锉削站立姿势及运锉要领如下图所示，试模仿，并请老师正确指导后自我总结运锉要领。

锉削时两脚站立位置、手臂姿势及锉削动作

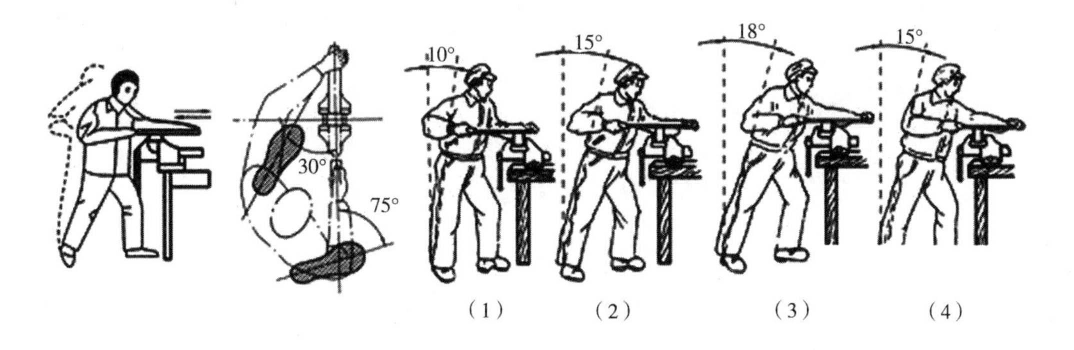

（1）　（2）　（3）　（4）

9．观察下图，说明在锉削加工时，如何进行力的分配？

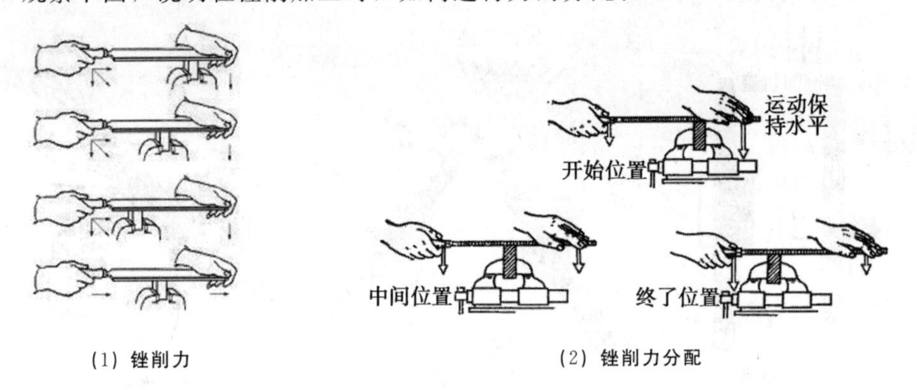

（1）锉削力　　（2）锉削力分配

10．咨询钳工老师傅，在锉削过程中有哪些技巧？应掌握哪些原则？

11．查阅资料，熟悉量具。

在对工件进行加工时，要达到图样要求，需采用合适的量具进行正确的测量。常用的量具按其用途和特点，可分为__________量具、__________量具和__________量具三种类型。

三类量具的主要区别是什么？

12．刀口尺主要用于以光隙法进行直线度测量和平面度测量，也可与量块一起用于检验平面精度。它具有结构简单、操作方便、测量效率高等优点。观察下图，查阅资料，说明刀口尺的使用方法。

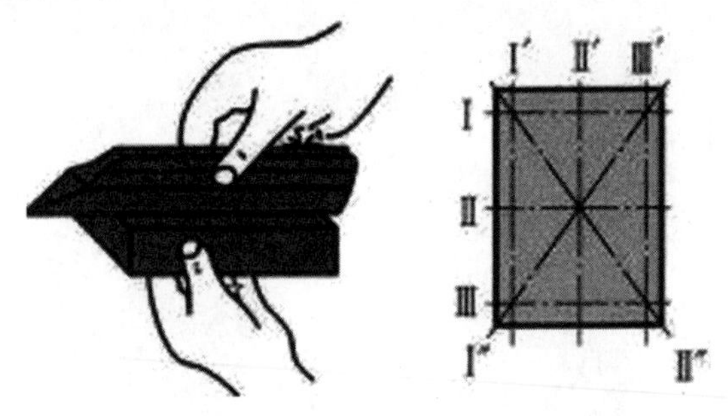

13. 宽座角尺是检验和划线工作中常用的量具，用于检查工件的直线度、垂直度或检查仪器纵横向导轨的相互垂直度，也可精确测量工件内角、外角的垂直偏差。观察下图并查阅资料，说明宽座角尺的使用方法。

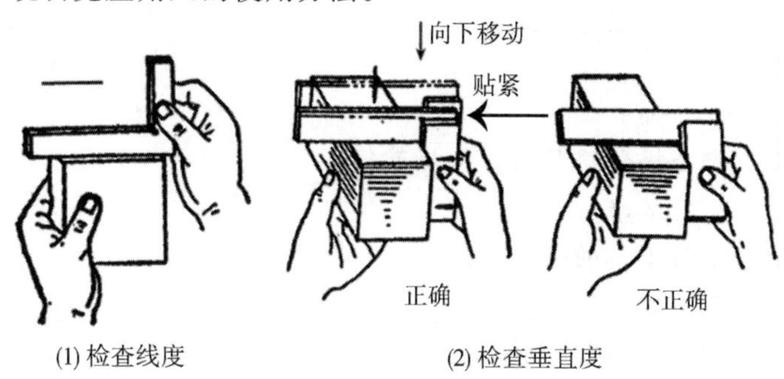

(1) 检查线度　　(2) 检查垂直度

14. 在零件图上或实际的零件上，把用来确定其他点、线、面位置时所依据的那些点、线、面称为基准。按其功用可分为设计基准（是零件工作图上用来确定其他点、线、面位置的基准）、工艺基准（是加工、丈量和装配过程中使用的基准，又称为制造基准）。我们在加工时，锉削的两垂直面是否可做定位基准使用？

15. 查阅相关资料，写出常用量具维护与保养中应注意的问题。

评价与分析

活动过程评价表

班 级		姓　名		学　号		日 期	年　月　日
序号	评价要点				配分	得分	总　　评
1	熟知本岗位安全操作规程				10		A □ （86～100 分） B □ （76～85 分） C □ （60～75 分） D □ （60 分以下）
2	严格规范仪表				15		
3	积极查阅资料，开展咨询				10		
4	能准确掌握錾削时的站立姿势、手锤和錾子的握法及錾削要领				15		
5	能掌握錾子的刃磨和热处理方法				15		
6	能按 7S 管理清理工作现场				15		
7	与同学共同交流学习				10		
8	能严格遵守作息时间				5		
9	及时完成本活动内容				5		
小结与建议							

学习活动6　平行直角块划线

学习目标

1. 熟知本岗位安全操作规程，严格规范仪表。
2. 能合理选用划线基准。
3. 能掌握常用划线工具的使用方法。
4. 能对平行直角块进行划线。
5. 严格执行7S现场管理规范。

建议学时

4学时

学习过程

1. 自查仪表是否规范？通过咨询，了解划线时需要掌握的安全常识，把了解到的信息写在下面。

2. 划线是机械加工的重要工序之一，查阅资料并说明划线的作用及要求。

3. 划线是按图纸要求在工件上划出加工界线、中心线和其他标志线的钳工作业。单件和中、小批量生产中的铸锻件毛坯和形状比较复杂的零件，在切削加工前通常需要划线。划线的作用是：(1) 确定毛坯上各孔、槽、凸缘、表面等加工部位的相对坐标位置和加工面的界线，作为在加工设备上安装、调整和切削加工的依据；(2) 对毛坯的加工余量进行检查和分配，及时发现和处理不合格的毛坯。划线一般在平台上进行（见图1），常用的划线工具有：划针、划针盘、划规、直角尺、游标高度尺、钢板尺、方箱、V形铁、千斤顶、楔铁和中心冲等（如图1、图2）。为了能划出清晰的线条，一般在毛坯表面先涂一层白色石灰水，对已经加工过的表面则涂普鲁士蓝加漆片和酒精的混合液。

划线分为平面划线和立体划线，平行直角块划线应属于______________划线。联系以上划线作用和图 1、图 2，指出平行直角块划线所需要的划线工具，并通过咨询，写出它们的使用方法。

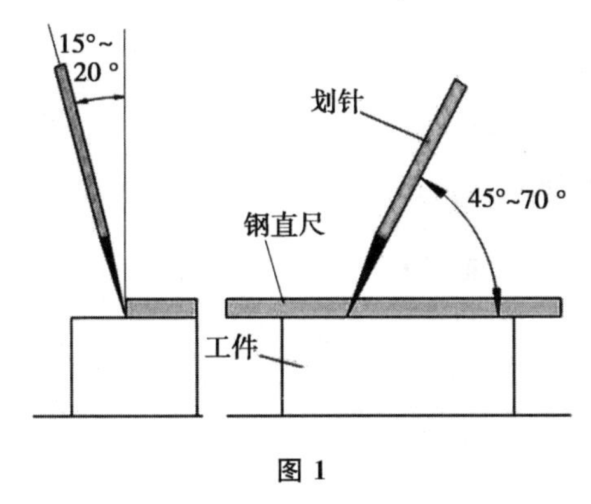

图 1

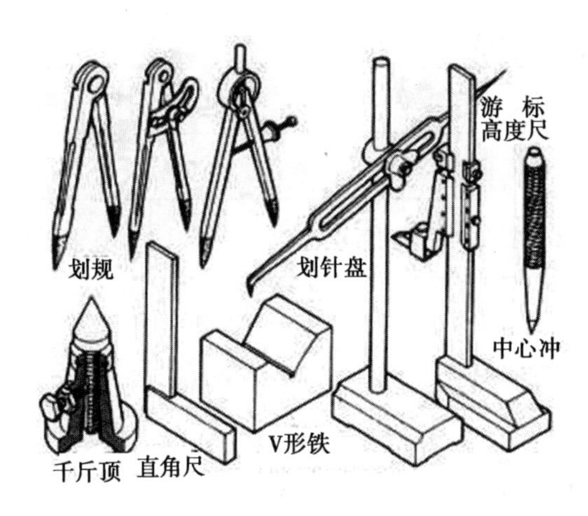

图 2　用线的划线工具

4. 钳工师傅在实际划线中，要求所划出的线条清晰唯一，冲点大小一致、分布均匀。联系实际，徒手画出平行直角块平面图，并在需要冲点的地方画出冲点。

5. 分组讨论，写出平行直角块的划线步骤。

评价与分析

活动过程评价表

班级	姓名　　　　　　　学号		日期	年　月　日
序号	评价要点	配分	得分	总评
1	熟知本岗位安全操作规程	10		A □（86～100分） B □（76～85分） C □（60～75分） D □（60分以下）
2	严格规范仪表	15		
3	积极查阅资料，开展咨询	10		
4	能正确使用划线工具	15		
5	能对平行直角块进行划线	15		
6	能按7S管理规范清理工作现场	15		
7	与同学共同交流学习	10		
8	能严格遵守作息时间	5		
9	及时完成本活动内容	5		
小结与建议				

学习活动7　锯去平行直角块多余材料

学习目标

1. 熟知本岗位安全操作规程，严格规范仪表。
2. 能合理选用划线基准。
3. 能根据加工材料、加工条件正确选用及安装锯条。
4. 能利用手锯合理去除多余材料。
5. 严格执行7S现场管理规范。

建议学时

10学时

学习过程

1. 自查仪表是否规范？通过咨询，掌握并写出锯削所需要掌握的安全常识。

2. 錾削能够去除工件多余材料，但去除量有限。大量去除材料时，常使用锯削加工。根据下列图示，说明锯削的应用。

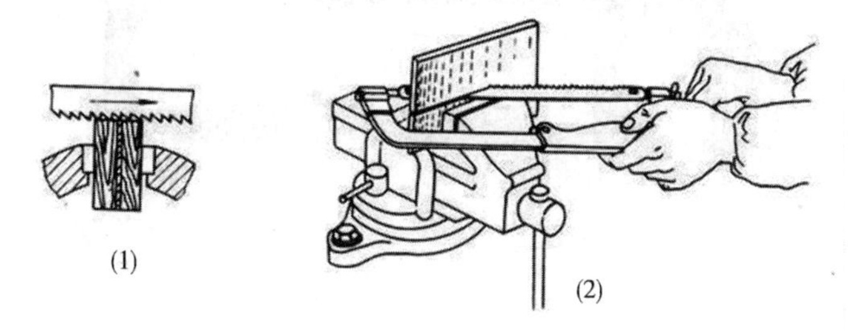

薄板料锯削方法

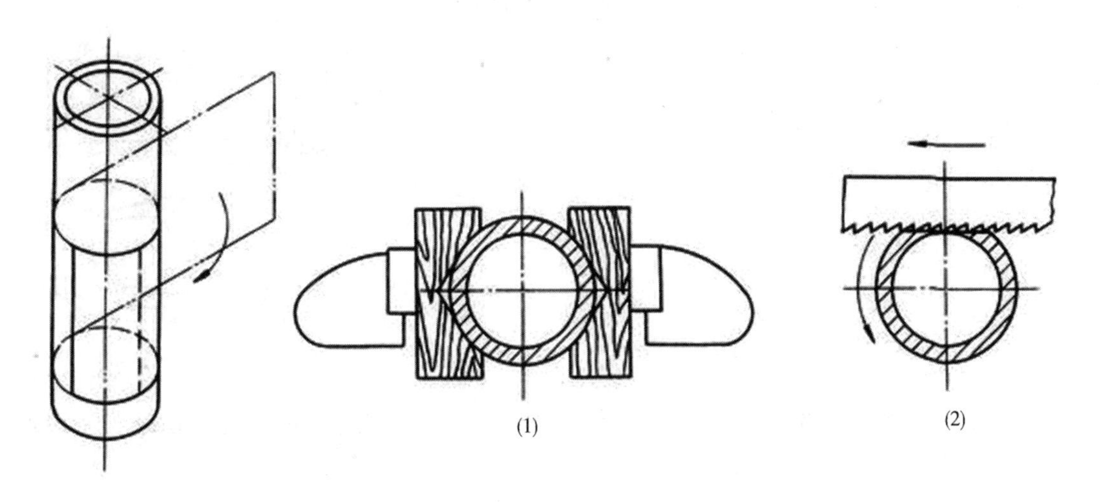

管子锯削线的划线

管子的夹持和锯削

（1）管子的夹持　（2）转位锯削

3. 观察你所使用的锯条，并记录它的规格：__________mm。锯条是以每 25mm 轴向长度内的齿数来划分的，查阅相关资料，并填写出下表中粗、中、细齿锯条的齿数及应用。

种　　类	图　　示	每 25mm 轴向长度内的齿数	应　　用
粗齿锯条			
中齿锯条			
细齿锯条			

4. 下列图示是钳工常用的手锯，指出手锯各部分的名称，并指出锯条该如何安装？

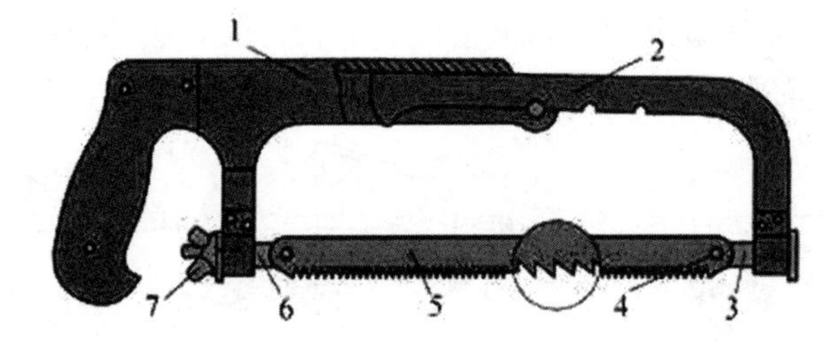

5. 观察颜观色右图，并咨询工人师傅，说明手锯的握法。

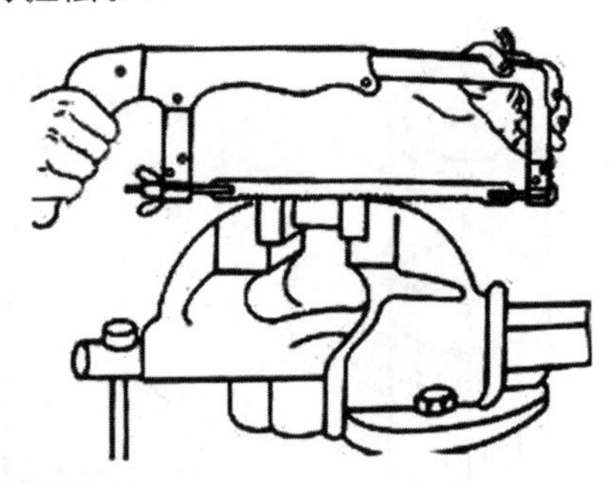

6. 起锯是锯削工作的开始，起锯质量的好坏将直接影响锯削的质量。起锯分为远起锯和近起锯，观察下图，说说该如何起锯？

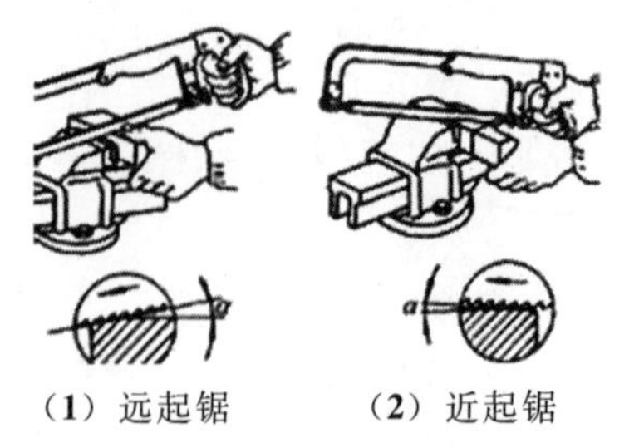

（1）远起锯　（2）近起锯　（3）起锯角

起锯方法

7. 在锯削较深工件时，工人师傅通常采取翻转锯条的方法进行锯削，看图观察和思考这样做的益处，并写下来。

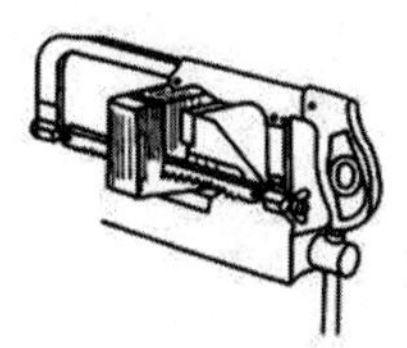

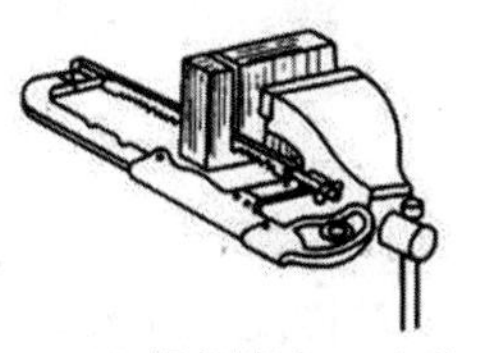

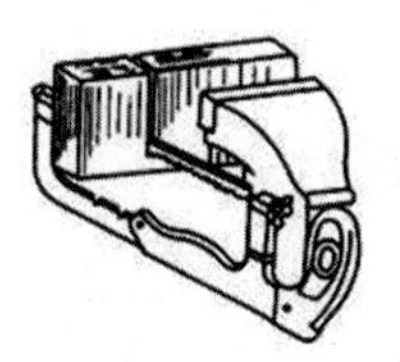

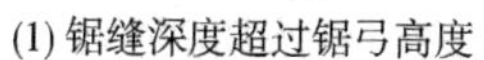

(1) 锯缝深度超过锯弓高度　(2) 锯条转过90° 安装　(3) 锯条转过180°

深缝锯削方法

8. 在锯削过程中，经常会发生锯缝歪斜、锯齿崩掉、锯条折断的现象，通过咨询或同学讨论，总结应如何避免出现这些问题？

9. 自查一下，看看在7S现场管理方面，你是否做得很好？

评价与分析

活动过程评价表

班级		姓　名		学　号		日期	年　月　日
序号	评价要点				配分	得分	总　评
1	熟知本岗位操作安全操作规程				10		A □（86～100 分） B □（76～85 分） C □（60～75 分） D □（60 分以下）
2	严格规范仪表				15		
3	积极查阅资料，开展咨询				10		
4	能准确掌握錾削时的站立姿势、手锤和錾子的握法及錾削要领				15		
5	能掌握錾子的刃磨和热处理方法				15		
6	能按 7S 管理规范清理工作现场				15		
7	与同学共同交流学习				10		
8	能严格遵守作息时间				5		
9	及时完成本活动内容				5		
小结与建议							

学习活动8　平行直角块自我检查与验收

学习目标

1. 熟知本岗位安全操作规程，严格规范仪表。
2. 能熟练掌握錾、锉、锯等操作技能。
3. 能合理选用测量工具进行检验。

建议学时

4学时

学习过程

1. 自查仪表是否规范？通过实践，请你归纳一下钳工车间的安全操作规程。

2. 在平行直角块制作过程中，你都使用过哪些量具进行检验，并写出它们的名称。

3. 游标卡尺是制作平行直角块的常用测量工具，观看下图，说明它们的使用方法及其适用范围。

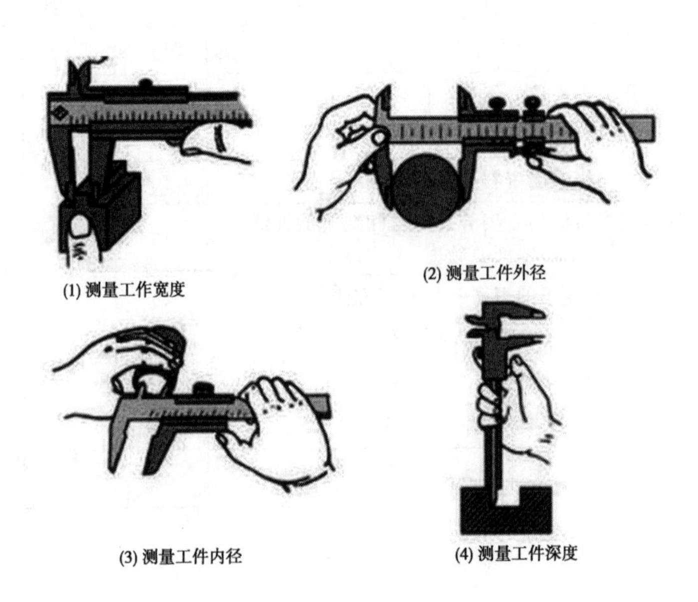

(1) 测量工作宽度　(2) 测量工件外径　(3) 测量工件内径　(4) 测量工件深度

4. 观看下图，熟悉游标卡尺各部分的名称，并写出游标卡尺的读数方法来。

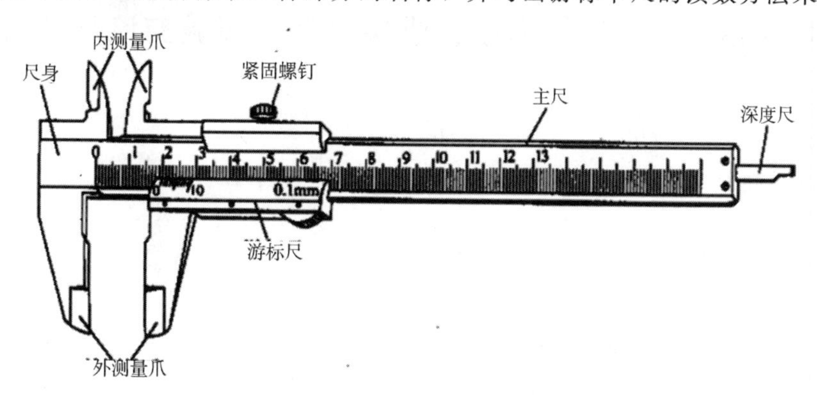

5. 刀口尺、宽座角尺是检测平行直角块平面度、垂直度的主要量具，经常配合塞尺（厚薄规）量取误差度数，写出如何读取测量误差。

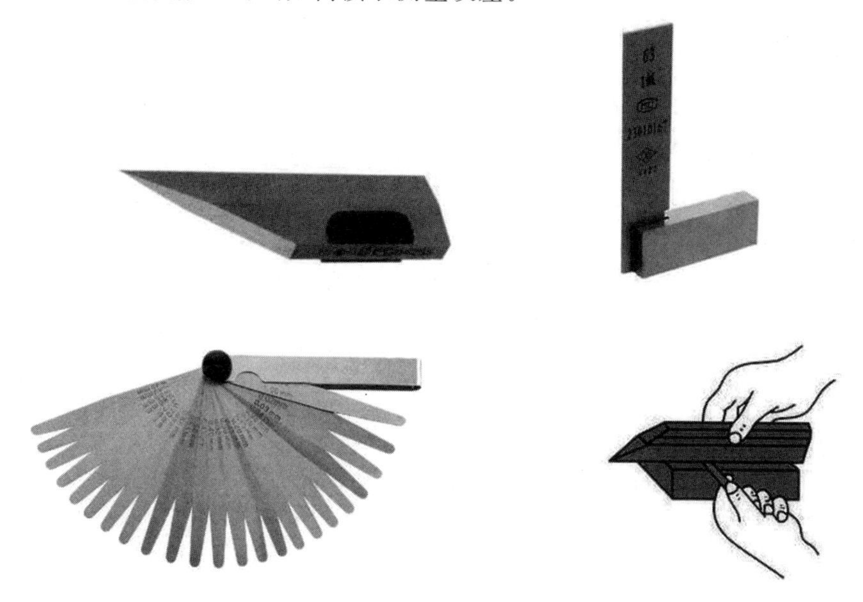

6. 通过咨询，说说平行直角块的平行度该如何检测？都使用哪些量具？

7. 通过检测，你制作的平行直角块是合格产品吗？写出今后工作改进的设想。

学习活动9　工作总结、成果展示、经验交流与评价

学习目标

1. 熟知本岗位安全操作规程，严格规范仪表。
2. 能自信地展示自己的作品，并讲述作品的制作过程。
3. 能倾听别人对自己作品的点评。
4. 能听取别人的建议并加以改进。

建议学时

4 学时

学习过程

1. 展示自己的作品，讲述作品的制作过程。

2. 在倾听别人对自己作品的点评后，自己总结作品中还存在哪些缺陷？该如何改进？

3. 如果下次接到相似的任务，你在加工过程中会着重注意哪些事项？

4. 在制作平行直角块的过程中，你一定付出了很多艰辛，同时也一定收获了很多理论知识和专业技能，请写出你的体会。

评价与分析

活动过程评价自评表

班级		姓名		学号		日期	年　月　日		
评价指标	评价要素				权重	等级评定			
						A	B	C	D
信息检索	能有效利用网络资源、工作手册查找有效信息				5%				
	能用自己的语言有条理地去解释、表述所学知识				5%				
	能将查找到的信息有效地运用到工作中				5%				
感知工作	是否熟悉工作岗位、认同工作价值				5%				
	在工作中是否获得了满足感				5%				
参与状态	与教师、同学是否互相尊重、理解，平等相待				5%				
	与教师、同学共同交流学习				5%				
	探究学习、自主学习不流于形式，处理好合作学习和独立思考的关系，做到有效学习				5%				
	能提出有意义的问题或发表个人见解；能按要求正确操作；能倾听、协作和分享				5%				
	积极参与，在产品加工过程中不断学习，提高综合运用信息技术的能力				5%				
学习方法	工作计划、操作技能是否符合规范要求				5%				
	是否获得了进一步发展的能力				5%				
工作过程	遵守管理规程，操作过程符合7S现场管理要求				5%				
	平时上课的出勤情况和每天完成工作任务的情况				5%				
	善于多角度思考问题，能主动发现、提出有价值的问题				5%				
思维过程	是否能发现、分析、解决问题，是否能提出创新性的意见				5%				
自评反馈	按时按质完成工作任务				5%				
	较好地掌握了专业知识点				5%				
	具有较强的信息分析能力和理解能力				5%				
	具有全面严谨的思维能力，并能条理明晰地表述成文				5%				
自评等级									
有益的经验和做法									
总结、反思与建议									

等级评定：A：好；B：较好；C：一般；D：有待提高。以下均采用此评定等级。

活动过程评价互评表

班级		姓名		学号		日期	年 月 日		
评价指标	评价要素				权重	等级评定			
						A	B	C	D
信息检索	能有效利用网络资源、工作手册查找有效信息				5%				
	能用自己的语言有条理地去解释、表述所学知识				5%				
	能将查找到的信息有效地运用到工作中				5%				
感知工作	是否熟悉工作岗位、认同工作价值				5%				
	在工作中是否获得了满足感				5%				
参与状态	与教师、同学互相尊重、理解，平等相待				5%				
	与教师、同学共同交流学习				5%				
	探究学习、自主学习不流于形式，处理好合作学习和独立思考的关系，做到有效学习				5%				
	能提出有意义的问题或发表个人见解；能按要求正确操作；能倾听、协作和分享				5%				
	积极参与，在产品加工过程中不断学习，提高综合运用信息技术的能力				5%				
学习方法	工作计划、操作技能是否符合规范要求				15%				
	是否获得了进一步发展的能力								
工作过程	遵守管理规程，操作过程符合 7S 现场管理要求				20%				
	平时上课的出勤情况和每天完成工作任务的情况								
	善于多角度思考问题，能主动发现、提出有价值的问题								
思维过程	是否能发现、分析、解决问题，是否能提出创新性的意见				5%				
互评反馈	能严肃认真地对待互评				10%				
互评等级									
简要评述									

活动过程教师评价表

班级		姓名		学号		权重	评价
知识策略	知识吸收	能设法记住学习内容				3%	
		能使用多样性手段，通过网络、技术手册等收集到有效信息				3%	
	知识结构	自觉寻求不同工作之间的内在联系				3%	
	知识应用	将学习到的内容应用到解决实际问题中				3%	
工作策略	兴趣取向	对课程本身感兴趣，熟悉自己的工作岗位，认同工作价值				3%	
	成就取向	学习的目的是获取高水平的成绩				3%	
	批判性思考	谈到或听到某一个推论或结论时，会考虑到其他可能的答案				3%	
管理策略	自我管理	若不能很好地理解学习内容，会设法找到与该内容相关的资讯				3%	
	过程管理	正确回答工作中及教师提出的问题				3%	
		能根据提供的材料、工作页和教师指导进行有效学习				3%	
		针对工作任务，能反复查找资料、反复研究，编制工作计划				3%	
		在工作过程中，留有研讨记录				3%	
		在团队合作中，主动承担并完成任务				3%	
	时间管理	能有效组织学习时间				3%	
	结果管理	在学习过程中有满足、成功、喜悦感，对后续学习更有信心				3%	
		根据研讨内容，对知识、步骤、方法进行合理的修改和应用				3%	
		课后能积极有效地进行学习、反思，总结学习的长短之处				3%	
		规范撰写工作小结，能进行经验交流与工作反馈				3%	
过程状态	交往状态	与教师、同学交流时语言得体、彬彬有礼				3%	
		与教师、同学保持丰富、适宜的信息交流与合作				3%	
	思维状态	能用自己的语言有条理地去解释、表述所学知识				3%	
		善于多角度去思考问题，能主动提出有价值的问题				3%	
	情绪状态	能自我调控好学习情绪，能随着教学进程或解决问题的全过程而产生不同的情绪变化				3%	
	生成状态	能总结当堂学习所得，或提出深层次的问题				3%	
	组内合作过程	分工及任务目标明确，并能积极组织或参与小组工作				3%	
		积极参与小组讨论，并能充分地表达自己的思想或意见				3%	
		能采取多种形式，展示本小组的工作成果，并进行交流反馈				3%	
		对其他组提出的疑问能做出积极有效的解释				3%	
		认真听取其他组的汇报发言，并能大胆质疑或提出不同意见或更深层次的问题				3%	
	工作总结	规范撰写工作总结				3%	
自评	综合评价	按照《活动过程评价自评表》，严肃认真地对待自评				5%	
互评	综合评价	按照《活动过程评价互评表》，严肃认真地对待互评				5%	
总评等级							
建议							

评定人：（签名） 年 月 日

学习任务三　制作角度样板

学习目标

1. 能独立阅读生产任务单，明确工时、加工数量等要求。
2. 能识读角度样板图纸，描述图纸上的尺寸标注及公差符号。
3. 能说出角度样板的用途。
4. 能在教师的指导下对角度样板进行技术要求分析和工艺分析。
5. 能在教师的引导下编制角度样板加工工艺。
6. 能合理选用并会使用工夹量具。
7. 能在教师的指导下使用台钻，并对相应孔进行定位钻削。
8. 能独立完成对角度样板的加工。
9. 能独立使用游标卡尺、万能角度尺检测角度样板的精度。
10. 能较好地对工夹量具进行保养。
11. 能主动获取有效信息，展示工作成果，对学习与工作进行反思总结，并能与他人开展良好合作，进行有效的沟通。
12. 能按 7S 现场管理要求清理工作环境。

建议学时

24 学时

学习任务描述

为方便学生实训工件校验，机械系决定委托钳工一体化实验班协助解决 30 个角度样板，时间为 4 天，角度样板尺寸及技术要求见以下图纸。

零件图

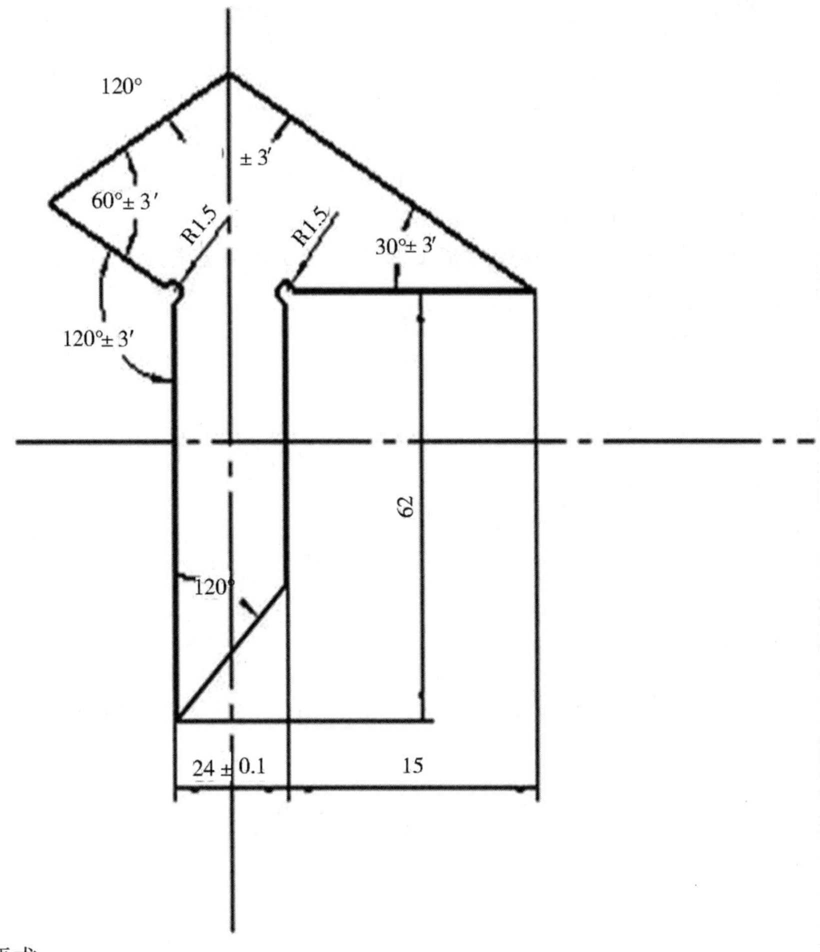

技术要求：

1. 来料尺寸（1）×115×1.5。
2. 各角度尺寸误差不大于3′。

工作流程与活动

在接受工作任务后，应先了解工作场地环境、工量具的管理要求。在仪表符合车间要求下，通过老师的指导，读懂图纸，分析研究加工工艺步骤，正确使用工量具。按照图样要求，掌握平面划线、钻孔、去除余料（锯割、錾削、锉削等）、抛光等加工方法，并学会使用游标卡尺、万能角度尺等进行检测，达到独立完成角度样板的制作，并能按现场7S管理规范清理场地、归置物品，按环保要求处理废弃物。

学习活动1　接受任务，学习、咨询新知识　（6学时）

学习活动2　角度样板的工艺分析与工艺制定　（4学时）

学习活动3　角度样板的制作　（10学时）

学习活动4　角度样板的自我检验与验收　（2学时）

学习活动5　工作总结与评价　（2学时）

学习活动1　接受任务，学习、咨询新知识

学习目标

1. 熟知岗位安全操作规程，规范仪表。
2. 能按照规定领取工作任务，阅读生产任务书，明确任务要求。
3. 能识读角度样板图纸，描述图纸上的尺寸标注及公差符号。
4. 能说出角度样板的用途。
5. 熟知7S现场管理内容。

建议学时

6学时

学习过程

1. 在进入工作场地前，需要穿戴好劳保用品，并自查仪表是否符合要求。

2. 观看图纸，明确任务与要求，正确填写生产任务单。

生产任务单

任务单部门：

合同编号			签订日期
合同签订人			交货日期
单位名称			
产品名称			
规格型号			
表面处理			
技术资料说明			
合同金额			
合同部	生产部	技术部	生产部发货后签字确认
领导签字			

3. 认真识读角度样板平面图，分析图纸上都有哪些角度？并写在下面。

4. 看图纸，试画各角度，并画出角度样板平面图。

5. 写出图纸上的技术要求。

6. 通过查阅资料或观看视频，说出你感知到的角度样板的用途。

7. 自我对本活动进行一下小结，你学到了什么？还有哪些地方今后需要进一步的努力？

评价与分析

活动过程评价表

<table>
<tr><td>班 级</td><td></td><td>姓　名</td><td></td><td>学　号</td><td></td><td>日 期</td><td>年　月　日</td></tr>
<tr><td>序号</td><td colspan="5">评价要点</td><td>配分</td><td>得分</td><td>总　评</td></tr>
<tr><td>1</td><td colspan="5">熟知本岗位安全操作规程</td><td>10</td><td></td><td rowspan="9">A □（86～100 分）
B □（76～85 分）
C □（60～75 分）
D □（60 分以下）</td></tr>
<tr><td>2</td><td colspan="5">严格规范仪表</td><td>15</td><td></td></tr>
<tr><td>3</td><td colspan="5">积极查阅资料，开展咨询</td><td>10</td><td></td></tr>
<tr><td>4</td><td colspan="5">能掌握各角度的画法</td><td>15</td><td></td></tr>
<tr><td>5</td><td colspan="5">在图纸上画出角度样板平面图</td><td>15</td><td></td></tr>
<tr><td>6</td><td colspan="5">说出 7S 管理内容</td><td>15</td><td></td></tr>
<tr><td>7</td><td colspan="5">与同学共同交流学习</td><td>10</td><td></td></tr>
<tr><td>8</td><td colspan="5">严格遵守作息时间</td><td>5</td><td></td></tr>
<tr><td>9</td><td colspan="5">及时完成本活动内容</td><td>5</td><td></td></tr>
<tr><td>小结与建议</td><td colspan="8"></td></tr>
</table>

学习活动 2　角度样板的工艺分析与工艺制定

学习目标

1. 能在老师指导下对角度样板进行技术要求分析。
2. 能在老师引导下编制角度样板加工工艺。

建议学时

4 学时

学习过程

1. 你知道多少安全常识？自查仪表是否规范，并写出具体的安全常识。

2. 阅读并分析角度样板加工工艺卡，完成如下项目。

制作角度样板工艺卡

<table>
<tr><td colspan="4" rowspan="2">单位名称</td><td rowspan="2">加工
工艺卡</td><td>产品名称</td><td colspan="2">平行直角块</td><td>图号</td><td colspan="3"></td></tr>
<tr><td>零件名称</td><td colspan="2"></td><td>数量</td><td colspan="2">1</td><td>第　页</td></tr>
<tr><td colspan="2">材料种类</td><td colspan="2">Q235 钢</td><td>材料成分</td><td></td><td colspan="2">毛坯尺寸</td><td colspan="3">62mm×62mm×20mm</td><td>共　页</td></tr>
<tr><td rowspan="2">工序</td><td rowspan="2">工步</td><td rowspan="2">工序
名称</td><td colspan="3" rowspan="2">工序内容</td><td rowspan="2">车间</td><td rowspan="2">设备</td><td colspan="3">工具</td><td rowspan="2"></td></tr>
<tr><td>量刃具</td><td>辅具</td><td>计算公式</td></tr>
<tr><td>1</td><td>平面
划线</td><td colspan="4"></td><td></td><td></td><td></td><td></td><td></td><td></td></tr>
<tr><td>2</td><td>冲定
位孔</td><td colspan="4"></td><td></td><td></td><td></td><td></td><td></td><td></td></tr>
<tr><td>3</td><td>锯出
外形</td><td colspan="4"></td><td></td><td></td><td></td><td></td><td></td><td></td></tr>
<tr><td>4</td><td>粗锉
削外
形</td><td colspan="4"></td><td></td><td></td><td></td><td></td><td></td><td></td></tr>
<tr><td>5</td><td>精锉
削外
形</td><td colspan="4"></td><td></td><td></td><td></td><td></td><td></td><td></td></tr>
<tr><td>6</td><td>检验</td><td colspan="4"></td><td></td><td></td><td></td><td></td><td></td><td></td></tr>
<tr><td colspan="2">更改号</td><td colspan="4"></td><td colspan="2">拟定</td><td>校正</td><td>审核</td><td colspan="2">批准</td></tr>
<tr><td colspan="2">更改者</td><td colspan="4"></td><td colspan="2"></td><td></td><td></td><td colspan="2"></td></tr>
<tr><td colspan="2">日期</td><td colspan="4"></td><td colspan="2"></td><td></td><td></td><td colspan="2"></td></tr>
</table>

(1) 请对照加工工艺卡，说明角度样板加工工艺卡中的工序名称和对应的工序内容，明确加工步骤。

(2) 工艺卡中的工序 1 是平面划线，你知道工件在加工前，为什么要进行划线吗？划线的具体步骤是什么？

(3) 我们在划线时，要确立划线基准，通过查询资料总结出划线基准的确定原则。在加工时也要有加工基准，该如何选择加工基准？划线基准与加工基准有差别吗？通过查询资料总结出加工基准的确定原则。

(4) 划线前总是要进行找正，这是为什么？找正时应注意哪些问题？

(5) 用钻床钻削定位中心孔，在使用钻床过程中应注意哪些安全规程？

3. 分析工艺卡，明确需要用到的工具，并填写工量具清单。

工量具清单

序号	工量具名称	规格或型号	功能	加工或测量精度
1				
2				
3				
4				
5				
6				
7				
8				
9				
10				
11				
12				
13				
14				
15				
16				
17				
18				

4. 拟定一份加工角度样板工作计划，并展示加工计划。

评价与分析

活动过程评价表

<table>
<tr><td>班 级</td><td></td><td>姓 名</td><td></td><td>学 号</td><td></td><td>日 期</td><td>年 月 日</td></tr>
<tr><td>序号</td><td colspan="5">评价要点</td><td>配分</td><td>得分</td><td>总 评</td></tr>
<tr><td>1</td><td colspan="5">熟知本岗位操作安全操作规程</td><td>10</td><td></td><td rowspan="9">A □ （86～100 分）
B □ （76～85 分）
C □ （60～75 分）
D □ （60 分以下）</td></tr>
<tr><td>2</td><td colspan="5">严格规范仪表</td><td>15</td><td></td></tr>
<tr><td>3</td><td colspan="5">积极查阅资料，开展咨询</td><td>10</td><td></td></tr>
<tr><td>4</td><td colspan="5">说出工艺卡中的内容</td><td>15</td><td></td></tr>
<tr><td>5</td><td colspan="5">正确填写工艺卡并填写工具清单</td><td>15</td><td></td></tr>
<tr><td>6</td><td colspan="5">能说出 7S 管理内容</td><td>15</td><td></td></tr>
<tr><td>7</td><td colspan="5">与同学共同交流学习</td><td>10</td><td></td></tr>
<tr><td>8</td><td colspan="5">严格遵守作息时间</td><td>5</td><td></td></tr>
<tr><td>9</td><td colspan="5">及时完成本活动内容</td><td>5</td><td></td></tr>
<tr><td>小结
建议</td><td colspan="8"></td></tr>
</table>

学习活动3　角度样板的制作

学习目标

1. 熟知本岗位安全操作规程，规范仪表。
2. 能在板料上利用划线工具划出角度样板的轮廓。
3. 能安全使用常用设备及工具去除余料。
4. 能用砂布对工件进行简单抛光。
5. 能按7S管理要求清理工作现场。

建议学时

10学时

学习过程

1. 通过咨询，了解本岗位相关设备的安全操作规程，并严格规范自己的仪表。

（1）台钻的安全操作规程。

（2）简单描述以下工具在使用过程中的注意事项。

a. 手锯：　　b. 锉刀：　　c. 划线工具：

d. 划针：　　e. 样冲：　　f. 划规：

2. 为保证角度样板能够被合理加工，就要先在毛坯上划出加工界限。划线的方法有很多，你计划选用哪种划线方法？如何保证划线的准确性？

3. 把你对角度样板划线的痕迹临摹在下面。

4. 去除余料常识。

(1) 在钳工操作中，有时要用打排孔的方法去除板料内部封闭、半封闭部分的余料。本任务如果选用钻床钻削排孔的方法来去除余料，应如何夹持工件？常用的辅具是什么？

(2) 利用錾削可以去除薄板余料，向钳工师傅咨询一下，如何用錾子去除薄板余料。

(3) 利用手锯可以去除薄板余料，观看下图，掌握薄板锯割的要领，并写在下面。

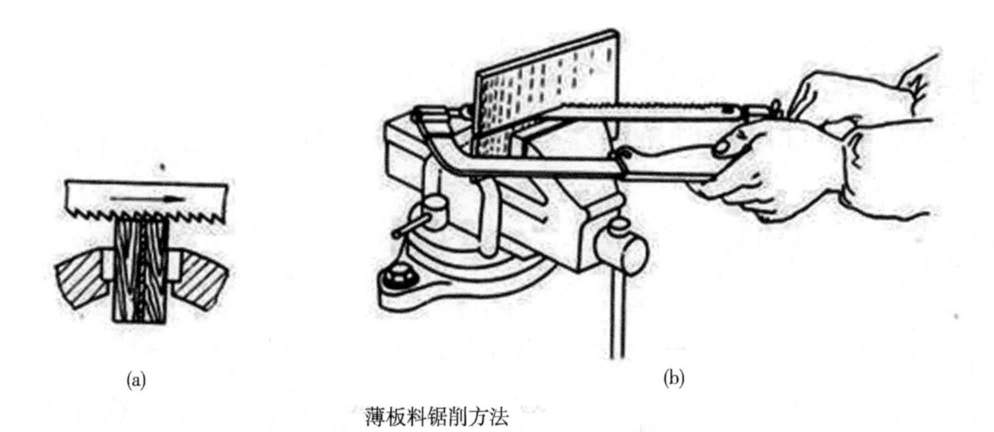

(a) (b)

薄板料锯削方法

(4) 对薄板料去除余料的方法很多，如上所述等方法，请你联系实际工作，应该选用哪种去除余料的方法？理由是什么？

5. 在锉削角度样板时，你都用了哪些锉刀？在精锉削时，如何保证角度的精度？

6. 为了使锉削加工后的角度样板表面更加光亮，常需要用抛光砂布对工件进行抛光打磨。应如何使用砂布对角度样板进行抛光打磨？

7. 清理现场、归置物品完成角度样板的制作后，请按照7S现场管理规范要求，保养工量具、清理工作现场、合理归置物品，并对工作垃圾进行妥善处理，然后回答下列问题。

（1）如何对钻床进行维护和保养？向老师或师傅请教，你的保养方法是否正确、到位？

（2）如何做好台虎钳的清洁保养工作？

（3）合理使用和保养锉刀可以延长锉刀的使用寿命，为了避免因为使用和保养不当而使其过早损坏，应该如何正确保养和使用锉刀呢？

评价与分析

活动过程评价表

班 级		姓　名		学　号		日 期	年　月　日
序号	评价要点				配分	得分	总　评
1	熟知本岗位安全操作规程				10		A □（86～100分） B □（76～85分） C □（60～75分） D □（60分以下）
2	严格规范仪表				15		
3	积极查阅资料，开展咨询				10		
4	对角度样板进行正确划线				15		
5	加工出角度样板				15		
6	说出7S管理内容				15		
7	与同学共同交流学习				10		
8	严格遵守作息时间				5		
9	及时完成本活动内容				5		
小结与建议							

学习活动 4　角度样板的自我检验与验收

学习目标

1. 熟知本岗位安全操作规程，规范仪表。
2. 能正确使用万能量角器。
3. 能利用万能量角器检验角度样板。
4. 能对角度样板的质量缺陷进行补救。
5. 熟知 7S 现场管理内容，并执行 7S 现场管理规范。

建议学时

2 学时

学习过程

1. 钳工安全操作常识应常记心间，仪表规范不容忽视，你做到了吗?

2. 角度样板在检验过程中，主要使用的量具是万能角度尺。它是利用游标读数原理来直接测量工件角度或进行划线的一种角度量具。通过查阅资料，叙述万能角度尺的测量范围，并指出其各部分的名称。

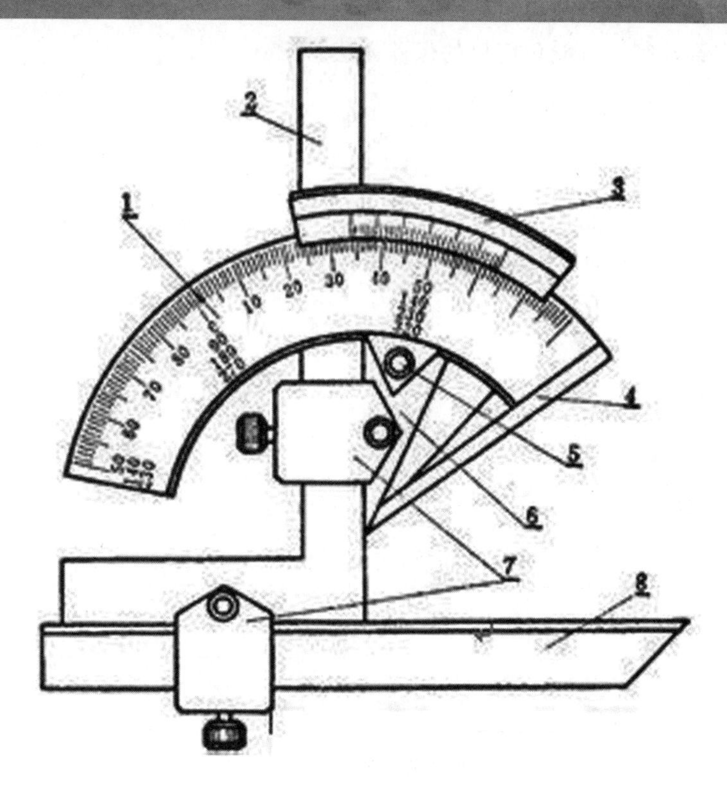

3．应用万能角度尺测量工件时，要根据所测角度适当组合量尺，结合下图并通过咨询，说明万确规万能角度尺的使用方法。

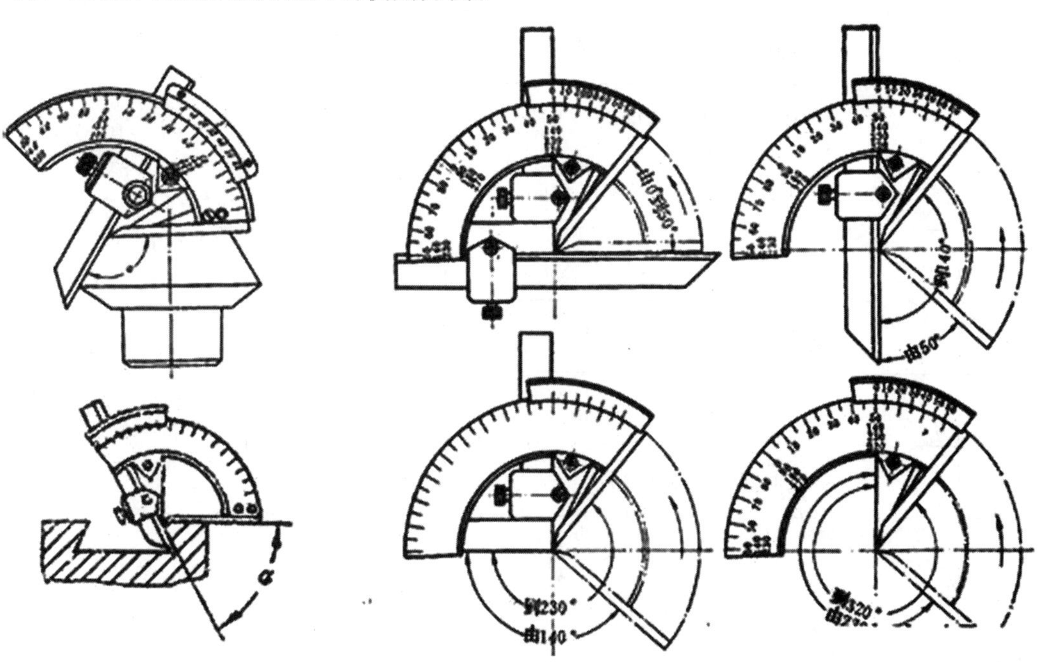

4. 通过咨询，简述万能角度尺的保养方法。

5. 检验一下你加工制作的角度样板符合技术要求吗？能作为样板检验测量其他角度吗？还需要在哪些方面加以改进？

活动过程评价表

<table>
<tr><td>班 级</td><td></td><td>姓 名</td><td></td><td>学 号</td><td></td><td>日 期</td><td>年 月 日</td></tr>
<tr><td>序号</td><td colspan="5">评价要点</td><td>配分</td><td>得分</td><td>总 评</td></tr>
<tr><td>1</td><td colspan="5">熟知本岗位安全操作规程</td><td>10</td><td></td><td rowspan="9">A □（86～100 分）
B □（76～85 分）
C □（60～75 分）
D □（60 分以下）</td></tr>
<tr><td>2</td><td colspan="5">严格规范仪表</td><td>15</td><td></td></tr>
<tr><td>3</td><td colspan="5">积极查阅资料，开展咨询</td><td>10</td><td></td></tr>
<tr><td>4</td><td colspan="5">正确使用万能角度尺</td><td>15</td><td></td></tr>
<tr><td>5</td><td colspan="5">用万能角度尺检测角度样板各角度</td><td>15</td><td></td></tr>
<tr><td>6</td><td colspan="5">说出 7S 管理内容</td><td>15</td><td></td></tr>
<tr><td>7</td><td colspan="5">与同学之间共同交流学习</td><td>10</td><td></td></tr>
<tr><td>8</td><td colspan="5">严格遵守作息时间</td><td>5</td><td></td></tr>
<tr><td>9</td><td colspan="5">及时完成本活动内容</td><td>5</td><td></td></tr>
<tr><td>小结与建议</td><td colspan="8"></td></tr>
</table>

学习活动 5　工作总结与评价

学习目标

1. 熟知本岗位安全操作规程，规范仪表。
2. 能自信地展示自己的作品，并讲述的制作 过程。
3. 能虚心听取他人的建议，并加以改进。
4. 能对学习与工作进行反思与总结，并能与他人开展合作，进行有效沟通。
5. 能按照 7S 现场管理内容清理现场。

建议学时

2 学时

学习过程

1. 以小组为单位，通过 PPT、展示板和多媒体资料等形式，充分展示自己加工制作的角度样板。把你的展示过程写在下面。

2. 如何评价其他小组或个人的作品？

3. 通过自己制作角度样板，你又掌握了哪些钳工手工操作方法？如果将来有类似的加工，你能做得更好吗？

4. 拟写一份工作总结，归纳你在钳工技术、安全操作规范、团队协作与创新方面的收获和体会。

评价与分析

活动过程评价自评表

班级		姓名		学号	日期	年 月 日
评价指标	评价要素	权重	等级评定			
			A	B	C	D
信息检索	能有效利用网络资源、工作手册查找有效信息	5%				
	能用自己的语言有条理地去解释、表述所学知识	5%				
	能将查找到的信息有效地运用到工作中	5%				
感知工作	是否熟悉工作岗位、认同工作价值	5%				
	在工作中是否获得了满足感	5%				
参与状态	与教师、同学互相尊重、理解，平等相待	5%				
	与教师、同学共同交流学习	5%				
	探究学习、自主学习不流于形式，处理好合作学习和独立思考的关系，做到有效学习	5%				
	能提出有意义的问题或发表个人见解；能按要求正确操作；能倾听、协作与分享	5%				
	积极参与，在产品加工过程中不断学习，提高综合运用信息技术的能力	5%				
学习方法	工作计划、操作技能是否符合规范要求	5%				
	是否获得了进一步发展的能力	5%				
工作过程	遵守管理规程，操作过程符合 7S 现场管理要求	5%				
	平时上课的出勤情况和每天完成工作任务的情况	5%				
	善于多角度思考问题，能主动发现、提出有价值的问题	5%				
思维过程	是否能发现、分析、解决问题，并能提出创新性的问题	5%				
自评反馈	按时按质完成工作任务	5%				
	较好地掌握了专业知识点	5%				
	具有较强的信息分析能力和理解能力	5%				
	具有全面严谨的思维能力并能条理明晰地表述成文	5%				
自评等级						
有益的经验和做法						
总结、反思与建议						

等级评定：A：好；B：较好；C：一般；D：有待提高。以下均采用此评定等级。

活动过程评价互评表

班级		姓名		学号		日期	年 月 日		

评价指标	评价要素	权重	等级评定			
			A	B	C	D
信息检索	能有效利用网络资源、工作手册查找有效信息	5%				
	能用自己的语言有条理地去解释、表述所学知识	5%				
	能将查找到的信息有效转换到工作中	5%				
感知工作	是否熟悉工作岗位、认同工作价值	5%				
	在工作中是否获得了满足感	5%				
参与状态	与教师、同学互相尊重、理解，平等相待	5%				
	与教师、同学共同交流学习	5%				
	探究学习、自主学习不流于形式，处理好合作学习和独立思考的关系，做到有效学习	5%				
	能提出有意义的问题或发表个人见解；能按要求正确操作；能倾听、协作与分享	5%				
	积极参与，在产品加工过程中不断学习，提高综合运用信息技术的能力	5%				
学习方法	工作计划、操作技能是否符合规范要求	15%				
	是否获得了进一步发展的能力					
工作过程	遵守管理规程，操作过程符合7S现场管理要求	20%				
	平时上课的出勤情况和每天完成工作任务的情况					
	善于多角度思考问题，能主动发现、提出有价值的问题					
思维过程	是否能发现、分析、解决问题，并能提出创新性的问题	5%				
互评反馈	能严肃认真地对待互评	10%				
互评等级						
简要评述						

活动过程教师评价表

班级		姓名	学号	权重	评价
知识策略	知识吸收	能设法记住学习内容		3%	
		能使用多样性手段，通过网络、技术手册等收集到有效信息		3%	
	知识结构	自觉寻求不同工作之间的内在联系		3%	
	知识应用	将学习到的内容应用到解决实际问题中		3%	
工作策略	兴趣取向	对课程本身感兴趣，熟悉自己的工作岗位，认同工作价值		3%	
	成就取向	学习的目的是获取高水平的成绩		3%	
	批判性思考	谈到或听到某一个推论或结论时，会考虑到其他可能的答案		3%	
管理策略	自我管理	若不能很好地理解学习内容，会设法找到与该内容相关的资讯		3%	
	过程管理	正确回答工作中及教师提出的问题		3%	
		能根据提供的材料、工作页和教师指导进行有效学习		3%	
		针对工作任务，能反复查找资料、反复研究，编制工作计划		3%	
		在工作过程中，留有研讨记录		3%	
		在团队合作中，主动承担并完成任务		3%	
	时间管理	能有效组织学习时间		3%	
	结果管理	在学习过程中有满足、成功、喜悦感，对今后的学习更有信心		3%	
		根据研讨内容，对知识、步骤、方法进行合理的修改和应用		3%	
		课后能积极有效地进行学习、反思，总结学习的长短之处		3%	
		规范撰写工作小结，能进行经验交流与工作反馈		3%	
过程状态	交往状态	与教师、同学交流时语言得体、彬彬有礼		3%	
		与教师、同学之间保持丰富、适宜的信息交流和合作		3%	
	思维状态	能用自己的语言有条理地去解释、表述所学知识		3%	
		善于多角度去思考问题，能主动提出有价值的问题		3%	
	情绪状态	能自我调控好学习情绪，能随着教学进程或解决问题的全过程而产生不同的情绪变化		3%	
	生成状态	能总结当堂学习所得，或提出深层次的问题		3%	
	组内合作过程	分工及任务目标明确，并能积极组织或参与小组工作		3%	
		积极参与小组讨论，并能充分地表达自己的思想或意见		3%	
		能采取多种形式，展示本小组的工作成果，并进行交流反馈		3%	
		对其他组提出的疑问能做出积极有效的解释		3%	
		认真听取其他组的汇报发言，并能大胆质疑或提出不同意见或更深层次的问题		3%	
	工作总结	规范撰写工作总结		3%	
自评	综合评价	按照《活动过程评价表》，严肃认真地对待自评		5%	
互评	综合评价	按照《活动过程评价互评表》，严肃认真地对待互评		5%	
总评等级					
建议					

评定人：（签名）　　　　年　　月　　日

学习任务四　制作錾口榔头

学习目标

1. 能严格遵守钳工场地的安全规章制度，规范仪表。
2. 能看懂图样，能根据毛坯分析出所去除的余量。
3. 能查阅相关资料，了解常用材料牌号的含义。
4. 能确立加工工艺，习惯使用专业术语。
5. 能正确使用划线工具和辅具。
6. 能熟练使用加工工具，并自测工件是否合格。
7. 了解热处理的一般常识，能对简单工具、工件进行热处理。
8. 能根据 7S 现场管理要求，清理场地和归置物品。

建议学时

56 学时

学习任务描述

张师傅在生产过程中需要一把称心的小榔头，他根据实际需要设计了榔头的零件图，如下图所示。考虑到是单件生产，他采用了钳工的加工方法来完成。现在把任务安排给你，试通过手工操作来完成錾口榔头的制作。

零件图

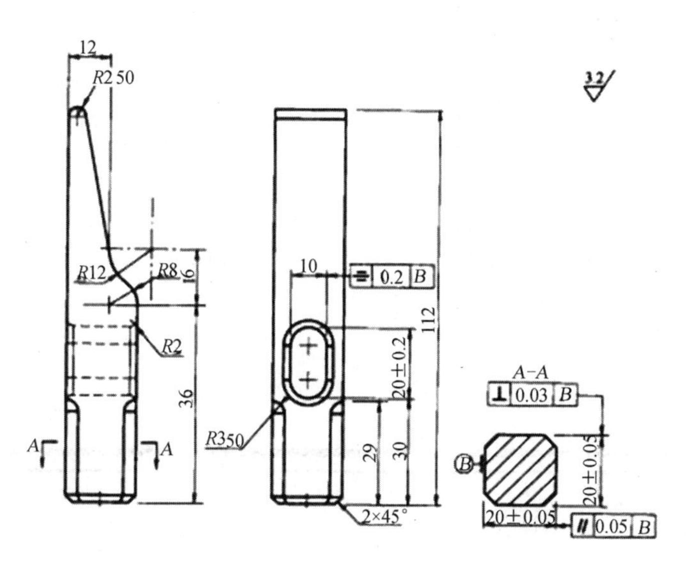

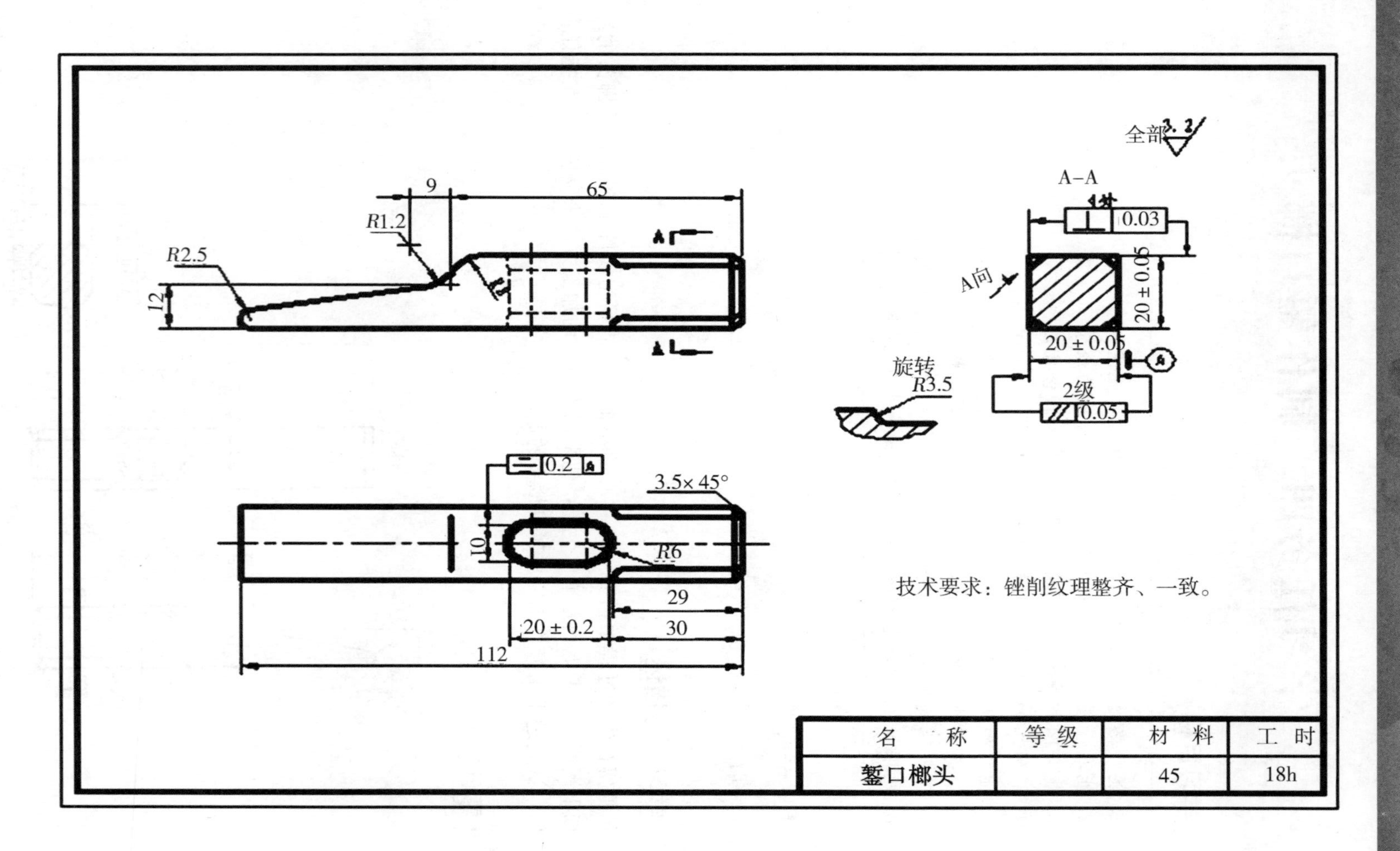

9
65
R1.2
R2.5
12
全部 3.2
A–A
0.03
A向
20 ± 0.05
20 ± 0.05
2级
0.05
旋转
R3.5
0.2
3.5× 45°
10
R6
29
20 ± 0.2
30
112
技术要求：锉削纹理整齐、一致。
名 称
等 级
材 料
工 时
錾口榔头
45
18h

工作流程与活动

在接受任务后，应首先了解工作场地的环境、设备管理要求，穿着符合劳保要求的服装。在老师的指导下，读懂图纸、分析出加工工艺步骤、正确使用工量具，按图纸要求，合理选用钳工基本操作方法进行加工，选用合理的量具进行检测，独立完成錾口榔头的制作，并按7S现场管理规范，清理场地、归置物品并合理处理废弃物。

学习活动1　接受任务，制定工作计划　（6学时）

学习活动2　工艺分析，确定加工方法和步骤　（6学时）

学习活动3　錾口榔头的制作　（36学时）

学习活动4　錾口榔头的自我检验与验收　（4学时）

学习活动5　工作总结、成果展示、经验交流与评价　（4学时）

学习活动1　接受任务，制定工作计划

学习目标

1. 熟知本岗位安全操作规程，规范仪表。
2. 能按照规定领取工作任务，阅读生产任务书，明确任务要求。
3. 能表述出錾口榔头的材质、图纸技术要求和公差要求。
4. 制定工作计划。
5. 熟知7S现场管理内容。

建议学时

6学时

学习过程

1. 在进入工作场地前，需要穿戴好劳保服装、使用劳保用品，自查仪表是否符合要求，说出本岗位的安全操作规程。

（1）钳工工作场地管理规章制度

（2）钻床操作规程

（3）砂轮机操作规程

2. 领取生产任务单，阅读生产任务书。通过咨询，联系本次生产实际，填写下列生产任务单。

生产任务单

任务单部门：

<table>
<tr><td>合同编号</td><td colspan="2"></td><td>签订日期：</td></tr>
<tr><td>合同签订人</td><td colspan="2"></td><td>交货日期：</td></tr>
<tr><td>单位名称</td><td colspan="3"></td></tr>
<tr><td>产品名称</td><td colspan="3"></td></tr>
<tr><td>规格型号</td><td colspan="3"></td></tr>
<tr><td>表面处理</td><td colspan="3"></td></tr>
<tr><td>技术资料说明</td><td colspan="3"></td></tr>
<tr><td>合同金额</td><td colspan="3"></td></tr>
<tr><td>合同部</td><td>生产部</td><td>技术部</td><td>生产部发货后签字确认</td></tr>
<tr><td></td><td></td><td></td><td></td></tr>
<tr><td>领导签字</td><td colspan="3"></td></tr>
</table>

3. 认真识读錾口榔头图纸，通过咨询，了解以下常识。

（1）认真识读錾口榔头零件图，分析錾口榔头由哪几个基本形状组成？写出各形状的基本尺寸。

（2）查阅相关资料，写出图样中三种符号的含义。

$\oint$：__________ R：__________ S：__________

（3）图样上 C3.5 的标注表示什么含义？

（4）从图上找出圆弧 R12mm、圆弧 R8mm 和腰孔的位置，并填写下表。

<table>
<tr><td rowspan="2">序号</td><td rowspan="2">基本形状</td><td>定位尺寸</td><td>定位基准</td></tr>
<tr><td>定义：</td><td>定义：</td></tr>
<tr><td>1</td><td>圆弧 R12mm</td><td></td><td></td></tr>
<tr><td>2</td><td>圆弧 R8mm</td><td></td><td></td></tr>
<tr><td>3</td><td>腰孔</td><td></td><td></td></tr>
</table>

（5）零件图上必须注明足够的尺寸，才能明确形体的实际大小和各部分的相对位置。查阅相关资料，结合錾口榔头图样，写出标注尺寸时应注意的问题。

（6）读懂图纸上的技术要求，通过查阅资料阐述45号钢的牌号含义及其应用范围。

4. 通过识读图样和掌握的相关知识，详细拟定一份工作计划并进行展示。

5. 7S现场管理，你做到了吗？自查一下，看看还有哪些疏漏？如有漏洞请及时完善。

评价与分析

活动过程评价表

<table>
<tr><td>班级</td><td></td><td>姓　名</td><td></td><td>学　号</td><td></td><td>日期</td><td>年　月　日</td></tr>
<tr><td>序号</td><td colspan="5">评价要点</td><td>配分</td><td>得分</td><td>总　评</td></tr>
<tr><td>1</td><td colspan="5">熟知本岗位安全操作规程</td><td>10</td><td></td><td rowspan="9">A □（86～100分）
B □（76～85分）
C □（60～75分）
D □（60分以下）</td></tr>
<tr><td>2</td><td colspan="5">严格规范仪表</td><td>15</td><td></td></tr>
<tr><td>3</td><td colspan="5">积极查阅资料，开展咨询</td><td>10</td><td></td></tr>
<tr><td>4</td><td colspan="5">看懂錾口榔头图纸</td><td>15</td><td></td></tr>
<tr><td>5</td><td colspan="5">口述錾口榔头的基本形状</td><td>15</td><td></td></tr>
<tr><td>6</td><td colspan="5">说出45号钢的含义及其应用范围</td><td>15</td><td></td></tr>
<tr><td>7</td><td colspan="5">与同学共同交流学习</td><td>10</td><td></td></tr>
<tr><td>8</td><td colspan="5">严格遵守作息时间</td><td>5</td><td></td></tr>
<tr><td>9</td><td colspan="5">及时完成本活动内容</td><td>5</td><td></td></tr>
<tr><td>小结与建议</td><td colspan="8"></td></tr>
</table>

学习活动 2　工艺分析，确定加工方法和步骤

学习目标

1. 熟知本岗位安全操作规程，规范仪表。
2. 能说出錾口榔头的加工方法。
3. 能写出錾口榔头的加工工艺步骤。

建议学时

6 学时

学习过程

1. 通过观看榔头加工视频，说出加工过程中采用了哪些机械加工方法。

2. 下图所示为錾口榔头制作的步骤，查阅相关资料，解释相关名词术语。

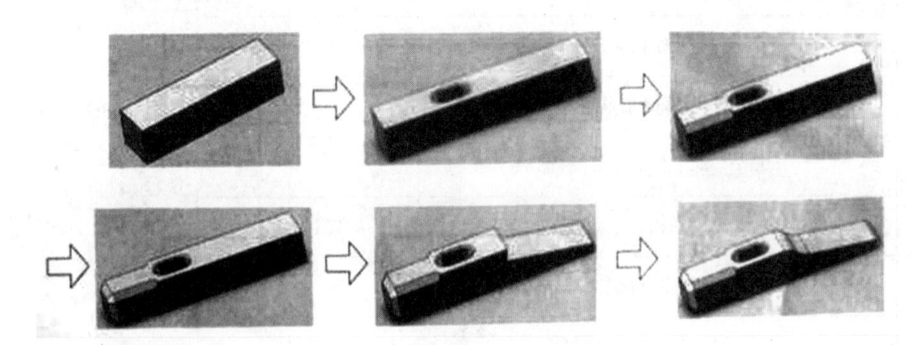

（1）工序：

（2）工步：

（3）工位：

3. 小组讨论并写出錾口榔头加工工艺步骤。

錾口榔头加工工艺步骤

工　　序	工　　步	操 作 内 容	精 度 要 求	主要工量具

4. 通过小组讨论錾口榔头加工工艺步骤，确定加工工艺，完成加工工艺卡的填写。

<table>
<tr><td colspan="3" rowspan="2">（单位名称）</td><td rowspan="2">加工工艺卡</td><td>产品名称</td><td colspan="2">錾口榔头</td><td colspan="2">图号</td><td colspan="3"></td></tr>
<tr><td>零件名称</td><td colspan="2"></td><td colspan="2">数量</td><td colspan="2"></td><td>第　页</td></tr>
<tr><td colspan="2">材料种类</td><td>45 钢</td><td>材料成分</td><td></td><td colspan="2">毛坯尺寸</td><td colspan="4">115mm×ϕ30mm</td><td>共　页</td></tr>
<tr><td rowspan="2">工序</td><td rowspan="2">工步</td><td rowspan="2">工序名称</td><td colspan="2" rowspan="2">工序内容</td><td rowspan="2">车间</td><td rowspan="2">设备</td><td colspan="4">工具</td><td rowspan="2"></td></tr>
<tr><td>量刃具</td><td colspan="2">辅具</td><td>计划公式</td></tr>
<tr><td>1</td><td></td><td>立体划线</td><td colspan="2">以平台为基准，用方箱定位毛坯，利用游标高度尺划出加工界限——长方体</td><td>钳工车间</td><td>工案</td><td>钢板尺、划针、游标高度尺</td><td colspan="2">着色剂、划线盘、方箱、V 形铁</td><td></td><td></td></tr>
<tr><td>2</td><td></td><td>去除余料</td><td colspan="2">1. 用手锯去除余料，留出锉削加工余量
2. 用平板锉锉削以达到尺寸要求</td><td>钳工车间</td><td>台虎钳</td><td>手锯、平板锉、游标卡尺、宽座角尺、刀口尺</td><td colspan="2">外卡规</td><td></td><td></td></tr>
</table>

续表

（单位名称）		加工工艺卡	产品名称	錾口榔头		图号			
			零件名称			数量	1		第 页
材料种类		45 钢	材料成分			毛坯尺寸	115mm×ϕ30mm		共 页
工序	工步	工序名称	工序内容	车间	设备	工具			
						量刃具	辅具	计划公式	
3		定位腰孔位置并钻孔	1. 定位腰孔位置 2. 钻削腰孔	钳工车间	台钻	钻头、样冲、手锤	内卡规		
4		锉削 R12mm、R8mm、R2.5mm 圆弧面	1. 利用圆弧锉锉削 R12mm 圆弧，用平板锉锉削 R8mm 和 R2.5mm 2. 锉削 R12mm 与 R2.5mm 间平面	钳工车间	台虎钳	圆弧、平板锉、游标卡尺、跨座角尺			
5		倒角	1. 划出锤头部分倒角线条 2. 用平板锉进行倒角						
6		抛光	用砂布进行抛光	钳工车间		砂布			

更改号		拟定	校正	审核	批准
更改者					
日期					

评价与分析

活动过程评价表

班级		姓　名		学　号		日期	年　月　日
序号	评价要点				配分	得分	总　　评
1	熟知本岗位安全操作规程				10		A □（86～100 分） B □（76～85 分） C □（60～75 分） D □（60 分以下）
2	严格规范仪表				15		
3	积极查阅资料，开展咨询				10		
4	说出采用了哪些机械加工方法				15		
5	正确选择工量具				15		
6	确立加工步骤				15		
7	与同学共同交流学习				10		
8	严格遵守作息时间				5		
9	及时完成本活动内容				5		
小结与建议							

学习活动 3　錾口榔头的制作

学习目标

1. 熟知本岗位安全操作规程，规范仪表。
2. 能利用划线工具对錾口榔头进行立体划线。
3. 能合理选用手工工具并正确进行加工。
4. 能利用不同量具进行检验。
5. 能客观公正地评价和展示自己的作品。

建议学时

36 学时

学习过程

1. 马上开始操作了，自查仪表是否符合要求。回顾上一任务中的安全常识，看看在錾削、锉削、锯削和钻孔过程中，你还记得哪些安全文明生产规定？

安全生产　警钟长鸣

员工生命数第一，安全意识存心底；
岗前切记勿饮酒，劳保用品穿戴齐；
安全规程要牢记，违章操作不可取；
积极辨识危险源，隐患防范做在前；
注重安全保健康，平平安安度时光；
劳动生产抢在先，大家严把安全关；
严格管理终是爱，放松懈怠终是害；
员工个个讲安全，家庭企业心不担；
团结协作相互勉，欢欢乐乐归家园。

创建平安工地　构建和谐企业

2. 在圆钢立体划线过程中，你是如何确立划线基准的？

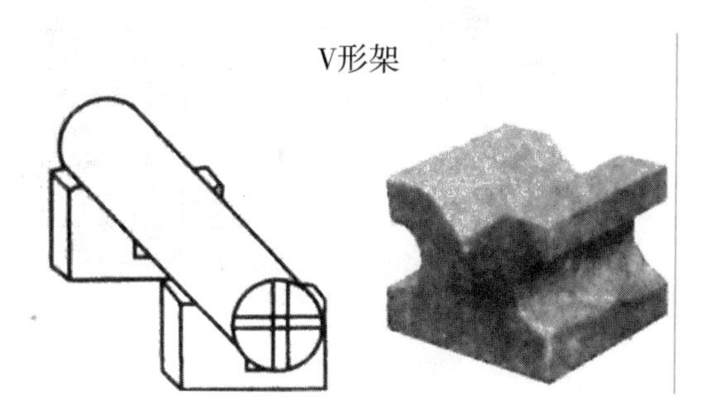

3. 在去除余料时，需要把圆钢加工成长方体，我们该如何选用手工工具？

4. 在对长方体锯削加工过程中，如何确定加工顺序？

5. 锉削加工时，一定要把握锉削原则。通过咨询，了解一下锉削原则。

6. 外圆弧面的锉削方法如下图所示，说明这两种方法各自的特点及应用。在錾口榔头的加工中，这段圆弧宜采用什么加工方法？

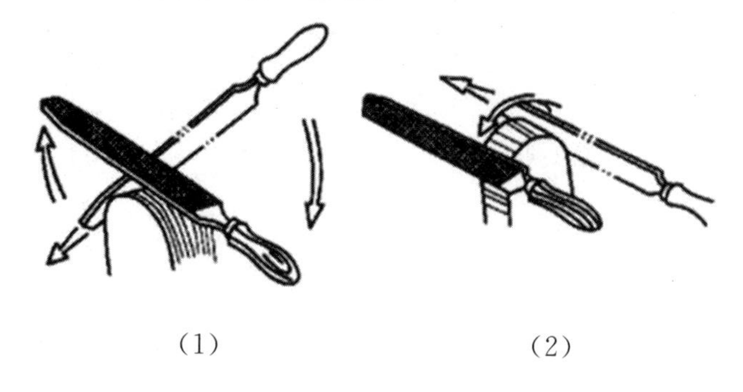

(1)　　　　(2)

7. 结合零件图，写出腰孔加工的尺寸及形位公差要求。

8. 结合实际，说说加工腰孔时应注意的问题。

9. 榔头头部倒角加工时应注意什么？该如何加工？

10. 我们加工的錾孔榔头外形已经基本完成，为保证其具有较好的力学性能，通常要进行热处理。热处理的过程包括淬火和回火两个过程。查阅相关资料，明确淬火和回火两个概念。

11. 写出錾口榔头的热处理过程。

12. 联系实际，说说你在抛光中的一些小妙招。砂布抛光是机械抛光的一种形式，说出砂布抛光中应注意的问题。

评价与分析

活动过程评价表

<table>
<tr><td>班 级</td><td></td><td>姓 名</td><td></td><td>学 号</td><td></td><td>日 期</td><td>年 月 日</td></tr>
<tr><td>序号</td><td colspan="5">评价要点</td><td>配分</td><td>得分</td><td>总 评</td></tr>
<tr><td>1</td><td colspan="5">熟知本岗位安全操作规程</td><td>10</td><td></td><td rowspan="9">A □（86～100 分）
B □（76～85 分）
C □（60～75 分）
D □（60 分以下）</td></tr>
<tr><td>2</td><td colspan="5">严格规范仪表</td><td>15</td><td></td></tr>
<tr><td>3</td><td colspan="5">积极查阅资料，开展咨询</td><td>10</td><td></td></tr>
<tr><td>4</td><td colspan="5">正确使用工卡量具，操作规范</td><td>15</td><td></td></tr>
<tr><td>5</td><td colspan="5">口述热处理过程</td><td>15</td><td></td></tr>
<tr><td>6</td><td colspan="5">按 7S 内容要求管理工作现场</td><td>15</td><td></td></tr>
<tr><td>7</td><td colspan="5">与同学共同交流学习</td><td>10</td><td></td></tr>
<tr><td>8</td><td colspan="5">严格遵守作息时间</td><td>5</td><td></td></tr>
<tr><td>9</td><td colspan="5">及时完成本活动内容</td><td>5</td><td></td></tr>
<tr><td>小结与
建议</td><td colspan="8"></td></tr>
</table>

学习活动 4　錾口榔头的自我检验与验收

学习目标

1. 熟知本岗位安全操作规程，规范仪表。
2. 能熟练使用各种量具进行检验。
3. 能对錾口榔头做防锈处理。
4. 熟知 7S 现场管理规范。

建议学时

4 学时

学习过程

1. 你是这样使用量具的吗？

（1）游标卡尺的使用

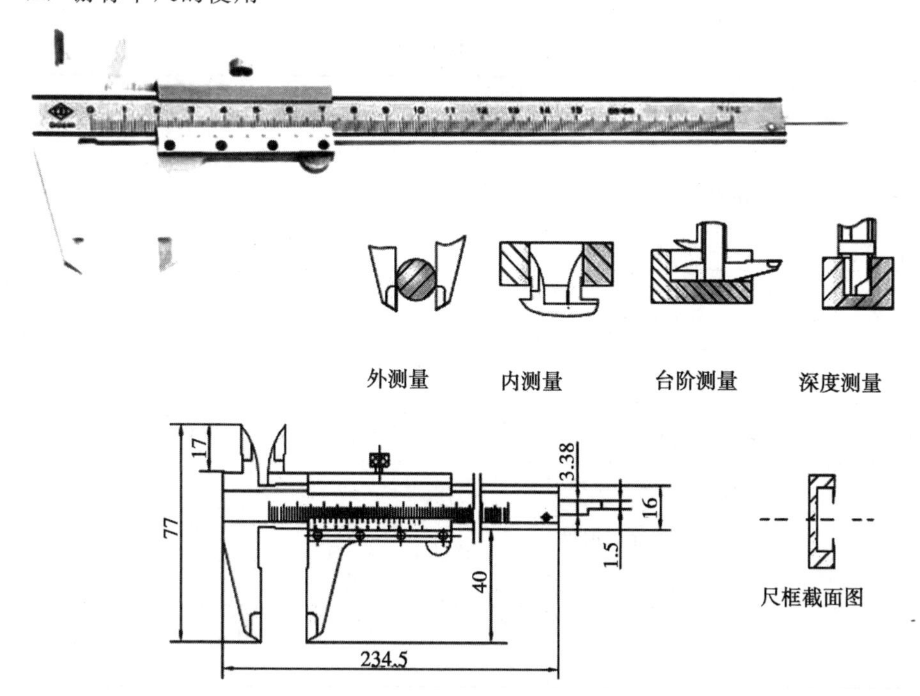

（2）用外卡钳检验工件

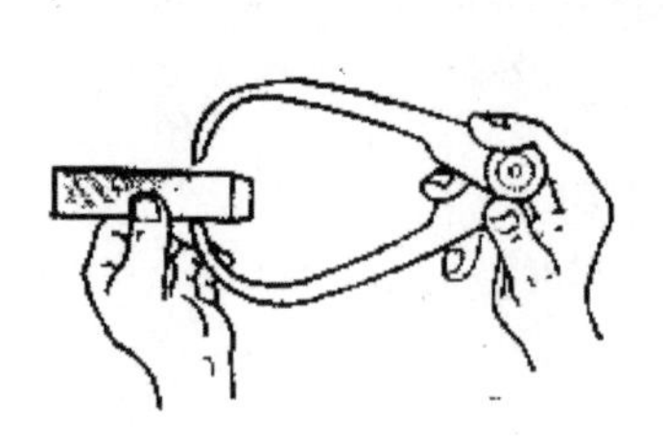

（1）用透光法检验

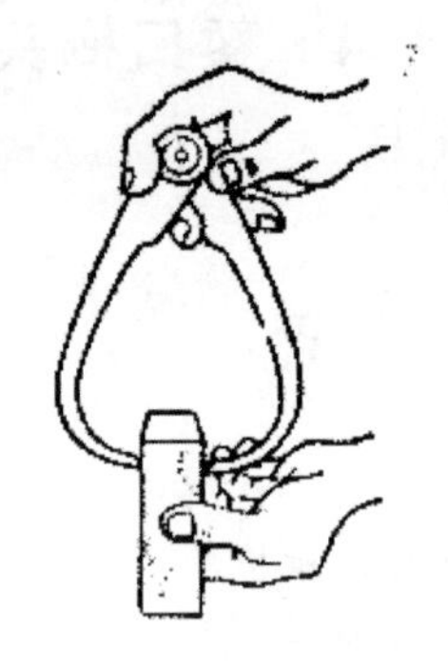

（2）用感觉法检验

2. 为防止工件生锈，通常要在工件表面涂一层防锈油。你是否还有其他办法防止工件生锈？查阅相关资料或向工人师傅咨询一下，看看他们有什么方法？

3. 实际操作即将结束，你该如何清理场地和规范放置物品？7S 现场管理规范，你做到了吗？

评价与分析

活动过程评价表

班级		姓名		学号		日期	年 月 日
序号	评价要点				配分	得分	总评
1	熟知本岗位安全操作规程				10		A □（86～100 分） B □（76～85 分） C □（60～75 分） D □（60 分以下）
2	严格规范仪表				15		
3	积极查阅资料，开展咨询				10		
4	正确使用量具进行检验				15		
5	口述你的錾口榔头的用途				15		
6	按 7S 管理内容规范场地				15		
7	与同学共同交流学习				10		
8	严格遵守作息时间				5		
9	及时完成本活动内容				5		
小结与建议							

学习活动5　工作总结、成果展示、经验交流与评价

学习目标

1. 能规范地撰写工作总结。
2. 能采用多种形式进行成果展示。
3. 能有效进行工作经验交流。

建议学时

4学时

学习过程

1. 查阅相关资料，写出工作总结的组成要素。

2. 你已经制作了一个非常精美的錾口榔头，一定想让大家分享你成功的喜悦。为了更好地展示自己的作品，想想该如何展示？请撰写一个展示方案。

3. 錾口榔头制作工作结束了，请联系加工实际，拟写一份工作总结。

评价与分析

活动过程评价表

班级	姓名	学号		日期	年 月 日	
评价指标	评价要素	权重	等级评定			
			A	B	C	D
信息检索	能有效利用网络资源、工作手册查找有效信息	5%				
	能用自己的语言有条理地去解释、表述所学知识	5%				
	能将查找到的信息有效地运用到工作中	5%				
感知工作	是否熟悉工作岗位、认同工作价值	5%				
	在工作中是否获得了满足感	5%				
参与状态	与教师、同学互相尊重、理解，平等相待	5%				
	与教师、同学共同交流学习	5%				
	探究学习、自主学习不流于形式，处理好合作学习和独立思考的关系，做到有效学习	5%				
	能提出有意义的问题或发表个人见解；能按要求正确操作；能倾听、协作和分享	5%				
	积极参与，在产品加工过程中不断学习，提高综合运用信息技术的能力	5%				
学习方法	工作计划、操作技能是否符合规范要求	5%				
	是否获得了进一步发展的能力	5%				
工作过程	遵守管理规程，操作过程符合 7S 现场管理要求	5%				
	平时上课的出勤情况和每天完成工作任务的情况	5%				
	善于多角度思考问题，能主动发现、提出有价值的问题	5%				
思维过程	是否能发现、分析、解决问题，并提出具有创新性的问题	5%				
自评反馈	按时按质完成工作任务	5%				
	较好地掌握了专业知识点	5%				
	具有较强的信息分析能力和理解能力	5%				
	具有全面严谨的思维能力，并能条理明晰地表述成文	5%				
自评等级						
有益的经验和做法						
总结、反思与建议						

等级评定：A：好；B：较好；C：一般；D：有待提高。以下均采用此评定等级。

活动过程评价互评表

班级		姓名		学号		日期	年　月　日

评价指标	评价要素	权重	等级评定			
			A	B	C	D
信息检索	能有效利用网络资源、工作手册查找有效信息	5%				
	能用自己的语言有条理地去解释、表述所学知识	5%				
	能将查找到的信息有效地运用到工作中	5%				
感知工作	是否熟悉工作岗位、认同工作价值	5%				
	在工作中是否获得了满足感	5%				
参与状态	与教师、同学互相尊重、理解，平等相待	5%				
	与教师、同学共同交流学习	5%				
	探究学习、自主学习不流于形式，处理好合作学习和独立思考的关系，做到有效学习	5%				
	能提出有意义的问题或发表个人见解；能按要求正确操作；能倾听、协作和分享	5%				
	积极参与，在产品加工过程中不断学习，提高综合运用信息技术的能力	5%				
学习方法	工作计划、操作技能是否符合规范要求	15%				
	是否获得了进一步发展的能力					
工作过程	遵守管理规程，操作过程符合 7S 现场管理要求	20%				
	平时上课的出勤情况和每天完成工作任务的情况					
	善于多角度思考问题，能主动发现、提出有价值的问题					
思维过程	是否能发现、分析、解决问题，并提出创新性的问题	5%				
互评反馈	能严肃认真地对待互评	10%				
互评等级						
简要评述						

活动过程教师评价表

班级		姓名　　　学号	权重	评价
知识策略	知识吸收	能设法记住学习内容	3%	
		能使用多样性手段，通过网络、技术手册等收集到有效信息		
	知识结构	自觉寻求不同工作之间的内在联系	3%	
	知识应用	将学习到的内容应用到解决实际问题中	3%	
工作策略	兴趣取向	对课程本身感兴趣，熟悉自己的工作岗位，认同工作价值	3%	
	成就取向	学习的目的是获取高水平的成绩	3%	
	批判性思考	谈到或听到某一个推论或结论时，会考虑到其他可能的答案	3%	
管理策略	自我管理	若不能很好地理解学习内容，会设法找到与该内容相关的资讯	3%	
	过程管理	正确回答工作中及教师提出的问题	3%	
		能根据提供的材料、工作页和教师指导进行有效学习	3%	
		针对工作任务，能反复查找资料、反复研究，编制工作计划	3%	
		在工作过程中，留有研讨记录	3%	
		在团队合作中，主动承担并完成任务	3%	
	能时间管理	有效组织学习时间	3%	
	结果管理	在学习过程中有满足、成功和喜悦感，对今后学习更有信心	3%	
		根据研讨内容，对知识、步骤、方法进行合理的修改和应用	3%	
		课后能积极有效地进行学习、反思，总结学习的长短之处	3%	
		规范撰写工作小结，能进行经验交流与工作反馈	3%	
过程状态	交往状态	与教师、同学交流时语言得体、彬彬有礼	3%	
		与教师、同学保持丰富、适宜的信息交流与合作	3%	
	思维状态	能用自己的语言有条理地去解释、表述所学知识	3%	
		善于多角度去思考问题，能主动提出有价值的问题	3%	
	情绪状态	能自我调控好学习情绪，能随着教学进程或解决问题的全过程而产生不同的情绪变化	3%	
	生成状态	能总结当堂学习所得，或提出深层次的问题	3%	
	组内合作过程	分工及任务目标明确，并能积极组织或参与小组工作	3%	
		积极参与小组讨论，并能充分地表达自己的思想或意见	3%	
		能采取多种形式，展示本小组的工作成果，并进行交流反馈	3%	
		对其他组提出的疑问能做出积极有效的解释	3%	
		认真听取其他组的汇报发言，并能大胆质疑或提出不同意见或更深层次的问题	3%	
	工作总结	规范撰写工作总结	3%	
自评	综合评价	按照《活动过程评价表》，严肃认真地对待自评	5%	
互评	综合评价	按照《活动过程评价互评表》，严肃认真地对待互评	5%	
总评等级				
建议				

评定人：（签名）　　　　　　年　　月　　日

学习任务五　制作平行压板

学习目标

1. 能识读平行压板零件图样，明确平行压板的用途和工作过程。
2. 能以小组合作的方式编制平行压板加工工艺。
3. 能安全规范地使用砂轮机。
4. 能正确刃磨麻花钻并进行钻孔加工。
5. 能正确用丝锥、铰杠完成螺纹孔的加工。
6. 能独立编制加工工艺，并独立完成工件的加工。
7. 能独立检测工件尺寸并判断是否合格。
8. 能自我评价，自选展示方案，归纳总结加工过程和加工体会。

建议学时

38 学时

学习任务描述

某企业接到一批压板制作订单，数量 60 件，工期 7 天，客户提供原材料，零件图如下图所示。企业把这项任务交给我们班级，试在规定时间内完成压板的加工工作。

零件图

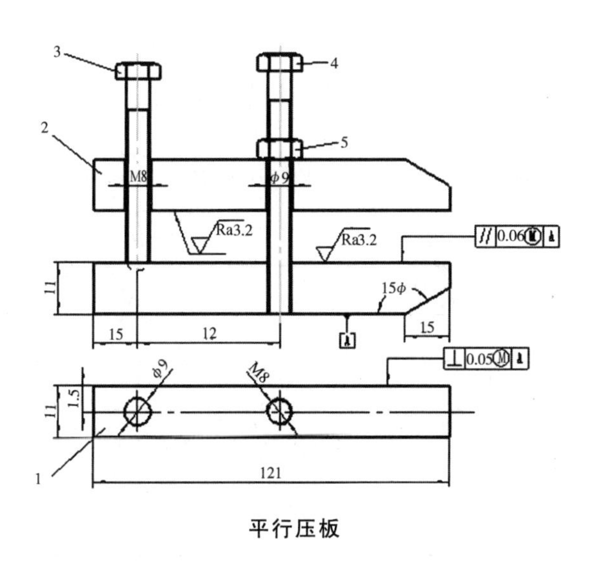

平行压板

工作流程与活动

学习活动 1　分析图纸，明确工作内容　（6 学时）
学习活动 2　接受任务，制定工作计划　（6 学时）
学习活动 3　工艺分析，确定加工方法和步骤　（10 学时）
学习活动 4　制作平行压板　（8 学时）
学习活动 5　平行压板的检测与验收　（2 学时）
学习活动 6　工作总结、成果展示、经验交流与评价　（6 学时）

学习活动 1　分析图纸，明确工作内容

学习目标

1. 熟知本岗位安全操作规程，规范仪表。
2. 能熟知图纸上相关的机械常识。
3. 知道常用螺纹的应用场合，能识别不同种类的螺纹。
4. 能识读螺纹标记并正确绘制普通螺纹图形。
5. 熟知 7S 现场管理内容。

建议学时

6 学时

学习过程

1. 检查自己的仪表是否符合规范，你能记住多少安全文明生产规范？

2. 阅读平行压板装配图明细栏，明确平行压板各组成零件的名称、功能及所用材料牌号。

序号	零件名称	功　　能	材　料　牌　号

3. 构成平行压板各零件轮廓的主要几何要素有哪些?

4. 查阅相关手册,解释下列形状、位置公差符号的含义。

含义:　　　　　　　　　　含义:

5. 平行压板零件图中的孔有哪几种?各表示什么含义?

6. 由装配图可以看到,组成平行压板的部件之一是螺纹件。请结合生产实际列举出常用螺纹的应用场合,你能将它们进行分类吗?

7. 按国家标准规定,外螺纹和内螺纹在画法上有明显的差异。通过咨询,解释 M8 的含义并绘制其内螺纹图形。

8. 车间使用的平行压板的毛坯是 45 号钢,通过咨询,试述要经过怎样的热处理工艺才能达到理想的力学性能,为什么?

9. 请将平行压板各组件的主要尺寸和几何公差要求填写在下面的表格中。

序　　号	项目与技术要求	公差等级或偏差范围
1		
2		
3		
4		
5		
6		
7		
8		
9		
10		
11		
12		

评价与分析

活动过程评价表

班级		姓　名		学　号		日期	年　月　日
序号	评价要点				配分	得分	总　评
1	熟知本岗位安全操作规程				10		A □（86～100 分） B □（76～85 分） C □（60～75 分） D □（60 分以下）
2	严格规范仪表				15		
3	积极查阅资料，开展咨询				10		
4	读懂装配图				15		
5	绘制内螺纹图形				15		
6	说出 7S 管理内容				15		
7	与同学共同交流学习				10		
8	严格遵守作息时间				5		
9	及时完成本活动内容				5		
小结与建议							

学习活动 2　接受任务，制定工作计划

学习目标

1. 熟知本岗位安全操作规程，规范仪表。
2. 能独立领取并填写生产任务单，接受生产任务。
3. 能根据生产任务单的时效制定工作计划。
4. 熟知 7S 现场管理内容。

建议学时

6 学时

学习过程

1. 检查自己的仪表是否符合规范，熟记安全文明生产规章制度。

2. 领取并填写生产任务单，重点明确零件名称、制作材料、零件数量和完成时间。

零件名称：______________________ 制作材料：______________________

零件数量：______________________ 完成时间：______________________

平行压板生产任务单

单　　号：________________　开单时间：____年____月____日____时

开单部门：________________　开 单 人：________________

接 单 人：______部______组______　签　　名：________________

<table>
<tr><td colspan="6">以下由开单人填写</td></tr>
<tr><td>序号</td><td>产品名称</td><td>材料</td><td>数量</td><td colspan="2">技术标准、质量要求</td></tr>
<tr><td>1</td><td>平行压板</td><td>45 号钢</td><td>60</td><td colspan="2">按图样要求</td></tr>
<tr><td colspan="2">任务明细</td><td colspan="4">1. 到仓库领取相应材料。
2. 根据现场情况选用合适的工量具和设备。
3. 根据加工工艺进行加工，交付检验。
4. 填写生产任务单，清理工作现场，完成设备、工量具的维护保养。</td></tr>
<tr><td colspan="2">任务类型</td><td colspan="2">钳加工</td><td>工期</td><td>7 天</td></tr>
<tr><td colspan="6">以下由接单人和确认方填写</td></tr>
<tr><td colspan="2">领取材料</td><td colspan="2"></td><td colspan="2" rowspan="2">仓库管理员（签名）

年　月　日</td></tr>
<tr><td colspan="2">领取工量具</td><td colspan="2"></td></tr>
<tr><td colspan="2">完成质量
（小组评价）</td><td colspan="2"></td><td colspan="2">班组长（签名）</td></tr>
<tr><td colspan="2">用户意见
（教师评价）</td><td colspan="2"></td><td colspan="2">用户（签名）　年　月　日</td></tr>
<tr><td colspan="2">改进措施
（反馈改良）</td><td colspan="2"></td><td colspan="2">年　月　日</td></tr>
</table>

3. 通过咨询，明确平行压板的用途，并写在下面。

4. 制定制作平行压板的工作计划。

评价与分析

活动过程评价表

班级		姓　名		学　号		日期	年　月　日
序号	评价要点				配分	得分	总　评
1	熟知本岗位操作安全操作规程				10		A □（86～100 分） B □（76～85 分） C □（60～75 分） D □（60 分以下）
2	严格规范仪表				15		
3	积极查阅资料，开展咨询				10		
4	独立完成生产任务单的填写				15		
5	制定条理清晰的工作计划				15		
6	说出 7S 管理内容				15		
7	与同学共同交流学习				10		
8	严格遵守作息时间				5		
9	及时完成本活动内容				5		
小结与建议							

学习活动3　工艺分析，确定平行压板加工方法和步骤

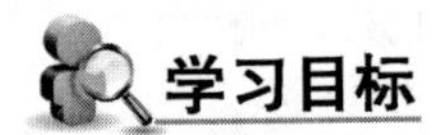

学习目标

1. 熟知本岗位安全操作规程，规范仪表。
2. 能通过小组合作的方式完成加工工艺的编制。
3. 能主动展示工艺方案，认真听取他人建议并及时完善。
4. 熟知7S现场管理内容。

建议学时

10学时

学习过程

1. 检查自己的仪表是否符合规范，熟记安全文明生产规章制度。

2. 查阅资料，明确平行压板的工作面，简单叙述平行压板的工作过程。

3. 识读平行压板图样，明确加工要求。

4. 平行压板是钳加工的一种常用夹具，通过咨询，得出本结构件的结构特点、加工重点和难点。

5. 列出加工平行压板所需工量具清单。

工量具清单

序号	工量具名称	规格或型号	功能	加工或测量精度
1				
2				
3				
4				
5				
6				
7				
8				
9				

6. 分析参考加工工艺

（1）下表以图示的方式对平行压板的加工过程分步骤地进行了表达，请结合平行压板外形的加工过程图示，根据图样要求在下表中填写操作要点、技术要求和所使用的工具。

平行压板外形的加工过程

工序	加工过程	图示	操作要点	技术要求	主要工具
锉削	1. 加工外形面一			平面度： 表面粗糙度：	夹具： 工具： 量具：
	2. 加工外形面二			宽： 平面度： 平行度： 表面粗糙度：	量具：
	3. 加工外形面三			平面度： 垂直度： 表面粗糙度：	量具：
	4. 加工外形面四			长： 平面度： 垂直度： 平行度： 表面粗糙度：	量具：
	5. 加工两端面			高： 平面度： 垂直度： 表面粗糙度：	量具：
	6. 加工 30°斜面			平面度： 垂直度： 角度： 表面粗糙度：	量具：
钻孔	7. 工件 1、2 孔			垂直度：	工具： 量具：
攻螺纹	8. 工件 1、2 螺纹				工具：

(2) 在平行压板外形的加工过程中，各表面的加工顺序能否互换？

（3）根据平行压板的使用功能，平行压板夹具外形在加工时最应注意哪些部位的精度？为什么？

（4）怎样加工平行压板上的螺纹底孔和过孔？

（5）钻孔时，必须要用小钻头定心，为什么？一般常用的定心钻头的直径是多少？

（6）钻孔加工过程中，工件是如何固定的？

7. 在参考了上述工艺方案后，你们小组有没有改变或者调整加工工艺方案的想法？请对之前编制的平行压板加工工艺进行修订。

评价与分析

活动过程评价表

<table>
<tr><td>班级</td><td></td><td>姓　名</td><td></td><td>学　号</td><td></td><td>日期</td><td>年　月　日</td></tr>
<tr><td>序号</td><td colspan="5">评价要点</td><td>配分</td><td>得分</td><td>总　评</td></tr>
</table>

序号	评价要点	配分	得分	总　评
1	熟知本岗位操作安全操作规程	10		A □（86～100 分） B □（76～85 分） C □（60～75 分） D □（60 分以下）
2	严格规范仪表	15		
3	积极查阅资料，开展咨询	10		
4	独立制作并填写工艺卡，确立加工过程	15		
5	展示工艺卡，并听取他人建议加以完善	15		
6	说出 7S 管理内容	15		
7	与同学共同交流学习	10		
8	严格遵守作息时间	5		
9	及时完成本活动内容	5		
小结与建议				

学习活动 4　制作平行压板

学习目标

1. 熟知本岗位安全操作规程，规范仪表。
2. 按图纸正确完成工件的划线。
3. 按照麻花钻的刃磨方法刃磨麻花钻。
4. 用丝锥正确进行螺纹加工。
5. 按图纸对平行压板进行检验，并对测量中发现的问题进行分析。
6. 严格按 7S 现场管理规范管理工作现场。

建议学时

8 学时

学习过程

1. 检查自己的仪表是否符合规范，熟记安全文明生产规章制度。

2. 领取平行压板毛坯料，检查是否满足制作要求。

3. 按照工量具清单领取工量具，把领取工量具时与管理员的对话写在下面。

4. 熟悉砂轮机。

（1）通过咨询，了解砂轮机的安全操作规程，并把了解到的内容写到下面。

（2）询问工人师傅，在右图上标出砂轮机各部分的名称。

（3）通过咨询老师或查询资料，讲述正确使用砂轮机的方法。

5. 在钳加工岗位上，刃磨麻花钻是每一位钳工必须掌握的重要技能之一。因为钻头用钝后或者根据不同的钻削要求而改变钻头切削部分形状时，需要对钻头进行刃磨。钻头刃磨得正确与否，对钻削质量、生产效率和钻头的耐用度影响非常显著。下表列出了对麻花钻切削角度的具体要求，请按照图示要求，填写刃磨技术要点及安全注意事项。

标准麻花钻的刃磨工艺表

工作内容	技术要点	图示	安全注意事项
1. 刃磨前摆正麻花钻的刃磨位置		1°~2°	
2. 刃磨麻花钻的一条主切削刃			
3. 刃磨另一条主切削刃		方法同上（注意保持与前一条主切削刃对称）	
4. 检测麻花钻的后角（刃磨后，采用________方法检测麻花钻的后角）		$\alpha_1>0$ 刀磨正确　$\alpha_1>0$ 刀磨错误	
5. 检测麻花钻的顶角（使用________量具检测）		121°	
6. 修磨麻花钻的横刃（通常直径在5mm以上的麻花钻需修磨横刃，修磨后应使横刃长度为原长度的______）		修磨前的钻头　修磨后的钻头	

6. 试总结正确刃磨麻花钻的方法和步骤。

7. 丝锥

（1）手工加工螺纹是钳工技能中的重要技能之一。下表中图例是加工内螺纹的常用工具，请写出各个工具的名称及用途。

序号	图　　例	名称	用　　途
1			
2			
3			

（2）下图所示为丝锥的结构图，请查阅资料，并写出丝锥由哪几部分组成。

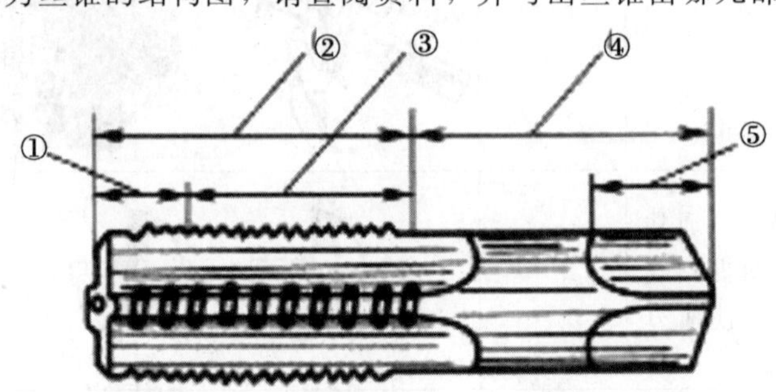

（3）查阅相关资料，试回答丝锥有哪些种类？它们都是用什么材料制成的？

（4）通过网络查询或请教工人师傅，明确头攻丝锥和二攻丝锥的区别。

（5）通过咨询，说说铰杠有哪些种类？应如何使用？

（6）观看下图，并请教工人师傅，了解攻丝时的动作要领。

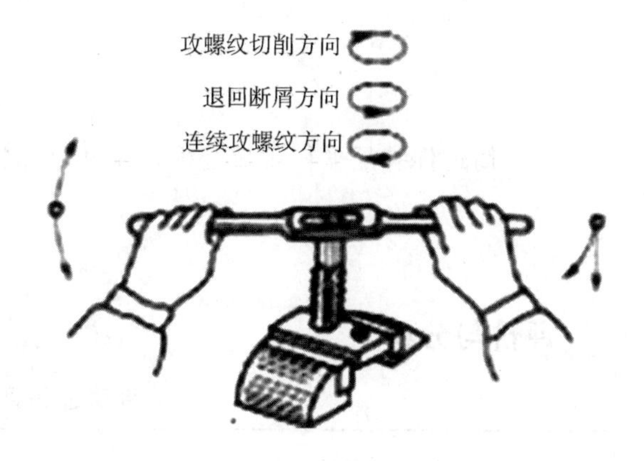

（7）在实际工作中，螺纹分为通孔螺纹和不通孔螺纹。通过咨询，说说加工通孔螺纹应使用怎样的丝锥。

（8）用丝锥攻螺纹时，铰杠在旋转一周后为什么要反转？

（9）要确定本任务所用丝锥的规格，必须要知道被加工螺纹的底孔直径，通过咨询，掌握确定螺纹的底孔直径的方法，试计算平行压板中螺纹 M8 的底孔直径。

8. 按照制定的加工工艺方案，制作平行压板。

（1）加工平行压板外形时，你是如何确定划线基准的？为什么要这样选择基准？

(2) 加工平行压板外形过程中，你遇到了哪些问题？你是如何解决的？

(3) 结合你加工平行压板孔的过程，说说加工光孔过程中的操作要点。

(4) 你也许是第一次攻螺纹，试说说你在攻平行压板螺纹过程中遇到了哪些问题？是如何解决的？

(5) 简述你装配平行压板过程，并讨论、总结装配时应注意的问题。

评价与分析

活动过程评价表

<table>
<tr><td>班 级</td><td></td><td>姓 名</td><td></td><td>学 号</td><td></td><td>日 期</td><td>年 月 日</td></tr>
<tr><td>序号</td><td colspan="5">评价要点</td><td>配分</td><td>得分</td><td>总 评</td></tr>
<tr><td>1</td><td colspan="5">熟知本岗位安全操作规程</td><td>10</td><td></td><td rowspan="9">A □ (86～100 分)
B □ (76～85 分)
C □ (60～75 分)
D □ (60 分以下)</td></tr>
<tr><td>2</td><td colspan="5">严格规范仪表</td><td>15</td><td></td></tr>
<tr><td>3</td><td colspan="5">积极查阅资料，开展咨询</td><td>10</td><td></td></tr>
<tr><td>4</td><td colspan="5">正确攻螺纹</td><td>15</td><td></td></tr>
<tr><td>5</td><td colspan="5">独立制作平行压板</td><td>15</td><td></td></tr>
<tr><td>6</td><td colspan="5">按 7S 管理内容清理现场</td><td>15</td><td></td></tr>
<tr><td>7</td><td colspan="5">与同学共同交流学习</td><td>10</td><td></td></tr>
<tr><td>8</td><td colspan="5">严格遵守作息时间</td><td>5</td><td></td></tr>
<tr><td>9</td><td colspan="5">及时完成本活动内容</td><td>5</td><td></td></tr>
<tr><td>小结与建议</td><td colspan="8"></td></tr>
</table>

学习活动5　平行压板的检测与验收

学习目标

1. 熟知本岗位安全操作规程，规范仪表。
2. 能利用量具独自检验平行压板。
3. 能对平行压板的缺陷进行修缮。
4. 严格按7S现场管理规范管理工作现场。

建议学时

2学时

学习过程

1. 检查自己的仪表是否符合规范，熟记安全文明生产规章制度。

2. 按下表检验你制作的平行压板是否合格。

序号	项目与技术要求	检测结果	是否合格
1	M8（2处）		
2	ϕ9mm（2处）		
3	120mm		
4	17mm（2处）		
5	48mm		
6	孔中心至顶边距离15mm		
7	三角形直角边长15mm		
8	8.5mm		
9	150°		
10	平行度（5—3—12）		
11	垂直度		
12	表面粗糙度		
13	安全文明生产		

3. 试说产品功能检测最终结果与问题分析。

4. 如何保证加工的平行面、垂直面和斜面符合尺寸？常用哪些量具进行检测？

5. 通过加工制作和检测，你认为图样中哪个尺寸最重要？你是如何检测的？

6. 请把你制作的平行压板交检验人员验收，并把你与检验人员的对话写在下面。

7. 按 7S 现场管理规范打扫现场、归置物品和清理废弃物。

评价与分析

活动过程评价表

<table>
<tr><td>班 级</td><td></td><td>姓　名</td><td></td><td>学　号</td><td></td><td>日 期</td><td>年　月　日</td></tr>
<tr><td>序号</td><td colspan="4">评价要点</td><td>配分</td><td>得分</td><td>总　评</td></tr>
<tr><td>1</td><td colspan="4">熟知本岗位安全操作规程</td><td>10</td><td></td><td rowspan="9">A □（86～100 分）
B □（76～85 分）
C □（60～75 分）
D □（60 分以下）</td></tr>
<tr><td>2</td><td colspan="4">严格规范仪表</td><td>15</td><td></td></tr>
<tr><td>3</td><td colspan="4">积极查阅资料，开展咨询</td><td>10</td><td></td></tr>
<tr><td>4</td><td colspan="4">综合利用量具检测平行压板</td><td>15</td><td></td></tr>
<tr><td>5</td><td colspan="4">与检验人员进行较好的交流</td><td>15</td><td></td></tr>
<tr><td>6</td><td colspan="4">按 7S 管理内容清理现场</td><td>15</td><td></td></tr>
<tr><td>7</td><td colspan="4">与同学共同交流学习</td><td>10</td><td></td></tr>
<tr><td>8</td><td colspan="4">严格遵守作息时间</td><td>5</td><td></td></tr>
<tr><td>9</td><td colspan="4">及时完成本活动内容</td><td>5</td><td></td></tr>
<tr><td>小结与
建议</td><td colspan="7"></td></tr>
</table>

学习活动 6　工作总结、成果展示、经验交流与评价

学习目标

1. 熟知岗位安全操作规程，规范仪表。
2. 能独自制作 PPT 进行展示与汇报。
3. 能总结通过制作平行压板所获得的工作经验。
4. 能对学习与工作进行总结与反思。
5. 能与他人合作，进行有效沟通。
6. 严格按 7S 现场管理规范管理工作现场。

建议学时

6 学时

学习过程

1. 检查自己的仪表是否符合规范，熟记安全文明生产规章制度。

2. 独自制作一个 PPT 文件来汇报和展示小组工作的过程和收获。请在下面列出你的 PPT 大纲（300 字左右）。

3. 评价自己制作的平行压板，看看是否可以作为夹具用于机械加工时固定与定位。试分析它的缺陷及通过怎样的再加工处理方可作为夹具使用。

4. 回顾并总结，通过制作平行压板，你在钳加工技术方面掌握了哪些知识与技能？

5. 通过制作平行压板，你的能力在哪些方面有了提高？

6. 参照图样要求，精确测量一下你制作的平行压板，用报告的方式写出你加工的产品质量存在什么缺陷？是什么原因造成的？如果下次制作类似的工件，你该如何避免此类问题？

活动过程评价自评表

班级		姓名		学号		日期	年 月 日		

评价指标	评价要素	权重	等级评定			
			A	B	C	D
信息检索	能有效利用网络资源、工作手册查找有效信息	5%				
	能用自己的语言有条理地去解释、表述所学知识	5%				
	能将查找到的信息有效地运用到工作中	5%				
感知工作	是否熟悉工作岗位、认同工作价值	5%				
	在工作中是否获得了满足感	5%				
参与状态	与教师、同学互相尊重、理解，平等相待	5%				
	与教师、同学共同交流学习	5%				
	探究学习、自主学习不流于形式，处理好合作学习和独立思考的关系，做到有效学习	5%				
	能提出有意义的问题或发表个人见解；能按要求正确操作；能倾听、协作与分享	5%				
	积极参与，在产品加工过程中不断学习，提高综合运用信息技术的能力	5%				
学习方法	工作计划、操作技能是否符合规范要求	5%				
	是否获得了进一步发展的能力	5%				
工作过程	遵守管理规程，操作过程符合7S现场管理要求	5%				
	平时上课的出勤情况和每天完成工作任务的情况	5%				
	善于多角度思考问题，能主动发现、提出有价值的问题	5%				
思维过程	是否能发现、分析、解决问题，并提出创新性的建议	5%				
自评反馈	按时按质完成工作任务	5%				
	较好地掌握了专业知识点	5%				
	具有较强的信息分析能力和理解能力	5%				
	具有全面严谨的思维能力并能条理明晰地表述成文	5%				
自评等级						
有益的经验和做法						
总结、反思与建议						

等级评定：A：好；B：较好；C：一般；D：有待提高。以下均采用此评定等级。

活动过程评价互评表

班级	姓名		学号		日期	年　月　日		
评价指标	评价要素	权重	等级评定					
			A	B	C	D		
信息检索	能有效利用网络资源、工作手册查找有效信息	5%						
	能用自己的语言有条理地去解释、表述所学知识	5%						
	能将查找到的信息有效地运用到工作中	5%						
感知工作	是否熟悉工作岗位、认同工作价值	5%						
	在工作中是否获得了满足感	5%						
参与状态	与教师、同学互相尊重、理解，平等相待	5%						
	与教师、同学之间共同交流学习	5%						
	探究学习、自主学习不流于形式，处理好合作学习和独立思考的关系，做到有效学习	5%						
	能提出有意义的问题或发表个人见解；能按要求正确操作；能倾听、协作与分享	5%						
	积极参与，在产品加工过程中不断学习，提高综合运用信息技术的能力	5%						
学习方法	工作计划、操作技能是否符合规范要求	15%						
	是否获得了进一步发展的能力							
工作过程	遵守管理规程，操作过程符合7S现场管理要求	20%						
	平时上课的出勤情况和每天完成工作任务的情况							
	善于多角度思考问题，能主动发现、提出有价值的问题							
思维过程	是否能发现、分析和解决问题，是否有创新性的发现	5%						
互评反馈	能严肃认真地对待互评	10%						
互评等级								
简要评述								

活动过程教师评价表

班级		姓名		学号		权重	评价
知识策略	知识吸收	能设法记住学习内容				3%	
		能使用多样性手段，通过网络、技术手册等收集到有效信息				3%	
	知识结构	自觉寻求不同工作之间的内在联系				3%	
	知识应用	用学习到的知识去解决实际问题				3%	
工作策略	兴趣取向	对课程本身感兴趣，熟悉自己的工作岗位，认同工作价值				3%	
	成就取向	学习的目的是获取高水平的成绩				3%	
	批判性思考	谈到或听到某一个推论或结论时，会考虑到其他可能的答案				3%	
管理策略	自我管理	若不能很好地理解学习内容，会设法找到与该内容相关的资讯				3%	
	过程管理	正确回答工作中及教师提出的问题				3%	
		能根据提供的材料、工作页和教师指导进行有效学习				3%	
		针对工作任务，能反复查找资料、反复研究，编制工作计划				3%	
		在工作过程中，留有研讨记录				3%	
		在团队合作中，主动承担并完成任务				3%	
	时间管理	能有效组织学习时间				3%	
	结果管理	在学习过程中有满足、成功、喜悦感，对今后学习更有信心				3%	
		根据研讨内容，对知识、步骤、方法进行合理的修改和应用				3%	
		课后能积极有效地进行学习、反思，总结学习的长短之处				3%	
		规范撰写工作小结，能进行经验交流与工作反馈				3%	
过程状态	交往状态	与教师、同学交流语时语言得体、彬彬有礼				3%	
		与教师、同学保持丰富、适宜的信息交流与合作				3%	
	思维状态	能用自己的语言有条理地去解释、表述所学知识				3%	
		善于多角度去思考问题，能主动提出有价值的问题				3%	
	情绪状态	能自我调控好学习情绪，能随着教学进程或解决问题的全过程而产生不同的情绪变化				3%	
	生成状态	能总结当堂学习所得，或提出深层次的问题				3%	
	组内合作过程	分工及任务目标明确，并能积极组织或参与小组工作				3%	
		积极参与小组讨论，并能充分地表达自己的思想或意见				3%	
		能采取多种形式，展示本小组的工作成果，并进行交流反馈				3%	
		对其他组提出的疑问能做出积极有效的解释				3%	
		认真听取其他组的汇报发言，并能大胆质疑或提出不同意见或更深层次的问题				3%	
	工作总结	规范撰写工作总结				3%	
自评	综合评价	按照《活动过程评价自评表》，严肃认真地对待自评				5%	
互评	综合评价	按照《活动过程评价互评表》，严肃认真地对待互评				5%	
总评等级							
建议							

评定人：（签名）　　　　年　　月　　日